青少年心理自助文库
自强丛书

自 爱

要留清白在人间

孟祥广/编著

> 不管际遇和心情如何，
> 我们有责任先打点好自己，
> 然后，在不知不觉中学会爱自己。

中国出版集团　现代出版社

图书在版编目(CIP)数据

自爱:要留清白在人间 / 孟祥广编著. —北京:现代
出版社,2013.7
ISBN 978-7-5143-1602-5

Ⅰ.①自⋯ Ⅱ.①孟⋯ Ⅲ.①个人-修养-青年读物
②个人-修养-少年读物 Ⅳ.①B825-49

中国版本图书馆 CIP 数据核字(2013)第 149166 号

编　　著	孟祥广	
责任编辑	窦艳秋	
出版发行	现代出版社	
通讯地址	北京市安定门外安华里 504 号	
邮政编码	100011	
电　　话	010-64267325 64245264(传真)	
网　　址	www.1980xd.com	
电子邮箱	xiandai@cnpitc.com.cn	
印　　刷	北京中振源印务有限公司	
开　　本	710mm×1000mm　1/16	
印　　张	14	
版　　次	2019 年 4 月第 2 版　2019 年 4 月第 1 次印刷	
书　　号	ISBN 978-7-5143-1602-5	
定　　价	39.80 元	

为什么当今时代一部分青少年拥有幸福的生活却依然感觉不幸福、不快乐？又怎样才能彻底摆脱日复一日的身心疲惫？怎样才能活得更真实、更快乐？越是在喧嚣和困惑的环境中无所适从，我们越是觉得快乐和宁静是何等的难能可贵。其实，正所谓"心安处即自由乡"，善于调节内心是一种拯救自我的能力。当我们能够对自我有清醒认识，对他人能够宽容友善，对生活能无限热爱的时候，一个拥有强大的心灵力量的你将会更加自信而乐观地面对一切。

青少年是国家的未来和希望。对于青少年的心理健康教育，直接关系着下一代能否健康成长，能否承担起建设和谐社会的重任。作为家庭、学校和社会，不能仅仅重视文化专业知识的教育，还要注重培养孩子们健康的心态和良好的心理素质，从改进教育方法上来真正关心、爱护和尊重他们。如何正确引导青少年走向健康的心理状态，是家庭、学校和社会的共同责任。因为心理自助能够帮助青少年解决心理问题、获得自我成长，最重要之处在于它能够激发青少年自我探索的精神取向。自我探索是对自身的心理状态、思维方式、情绪反应和性格能力等方面的深入觉察。很多科学研究发现，这种觉察和了解本身对于心理问题就具有治疗的作用。此外，通过自我探索，青少年能够看到自己的问题所在，明确在哪些方面需要改善，从而"对症下药"。

成功青睐有心人。一个人要想获得事业上的成功，就要有自信，就要把握住机遇，勇于尝试任何事。只有把更多的心血倾注于事业中，你才能收获

成功的果实。

远大的目标是人生成功的磁石。一个人如果仅仅拥有志向,没有目标,成功就无从谈起。

一个建筑工地上有三个工人在砌一堵墙。

有人过来问:"你们在干什么?"

第一个人没好气地说:"没看见吗?砌墙。"

第二个人抬头笑了笑说:"我们在盖幢高楼。"

第三个人边干边哼着歌曲,他的笑容很灿烂:"我们正在建设一个城市。"

十年后,第一个人在另一个工地上砌墙;第二个人坐在办公室里画图纸,他成了工程师;第三个人呢,是前两个人的老板。

三个原本是一样境况的人,对一个问题的三种不同回答,反映出他们的三种不同的人生目标。十年后还在砌墙的那位胸无大志,当上工程师的那位理想比较现实,成为老板的那位志存高远。最终不同的人生目标决定了他们不同的命运:想得最远的走得也最远,没有想法的只能在原地踏步。

远大美好的人生目标能吸引人努力为实现它而奋斗不止。每当你懈怠、懒惰的时候,它犹如清晨叫早的闹钟,将你从睡梦中惊醒;每当你感到疲惫、步履沉重的时候,它就似沙漠之中生命的绿洲,让你看到希望;每当你遇到挫折、心情沮丧的时候,它又犹如破晓的朝日,驱散满天的阴霾。

在人生目标的驱策下,人们能不断地激励自己,获得精神上的力量,焕发出超强的斗志。那样,你就能收获成功的果实。

本丛书从心理问题的普遍性着手,分别描述了性格、情绪、压力、意志、人际交往、异常行为等方面容易出现的一些心理问题,并提出了具体实用的应对策略,以帮助青少年读者驱散心灵的阴霾,科学调适身心,实现心理自助。

本丛书是你化解烦恼的心灵修养课,可以给你增加快乐的心理自助术。本丛书会让你认识到:掌控心理,方能掌控世界;改变自己,才能改变一切。本丛书还将告诉你:只有实现积极心理自助,才能收获快乐人生。

C目 录
ONTENTS

目录

第五篇　自我沉淀　积蓄能量

第六篇　困难面前决不退缩

自爱

第七篇　坚如磐石柔似水

第一篇 >>>

生命是爱的源泉

生命是一次旅程。如果能够体会乘兴而行是一种奔放的生活情趣，那么尽兴而归即体现了果敢、利落、勇于放弃的生活态度，蕴涵着处世跻身的大智慧。生命是短暂的、无常的，没有一个人敢保证自己能够活到一百岁，所以每个人都应该学会珍惜，学会充分利用生命的价值。生命的脆弱，就像薄冰一样不堪一击，更使我们懂得要倍加爱护。只有这样我们才能去爱家、爱国、爱这个世界! 热爱生命吧，让我们用短暂的生命，努力绘出一幅幅绚丽多彩的画!

珍爱生命

当你明白人们活着的信念，多半是为了得到赞美，获得更多人的承认。

当你发现你所承担的角色有高低之分时，你要快乐、勇敢、自爱，不要因为职业的低微而看轻自己，不要因为微不足道的不如意而自暴自弃。

同时，更不要因生活中出现的某种小插曲而使生命暗淡。你要怀有健康而珍惜的目光善待自己的生命，你应该用自己的热情去维护、浇灌自己的生命之花。

你的信念首先要告慰自己，不要因生活中小小的不如意而扭曲生命的路径，更不能轻易放弃生命的搏击。

生命不是苦中酿蜜，烦中取乐，不是梦中绣花，也不能雾中看花，游戏生命。

生命是由铁到钢的锻造过程，生命是走向人生辉煌的风帆；生命的高天，智者如流云。

在你留意生命、珍惜生命的旅程中，你会发现，当生命被生活推向极致时，往往会展现出一些从容之美。

比如临乱世而不惊，处方舟而不躁，喜迎阴晴圆缺，笑傲风霜雨雪；你就会更加明白，只有抱着一颗平常之心，去看待生命，去珍惜生命，生命才会更有意义。

生命是美好的，当一个生命依恋另一个生命时，相依为命，结伴而行，会感觉到世界真的很美好，天空是那么的蓝，大地是那么的宽

广；会明白在这个世界上，自己曾经是多么孤独的漂流者，才会知道在这个世界上需要珍惜和感激，才会感到生命是那么的珍贵。

生命需要用真心演绎，需要我们尽全力走好每一步，需要用心呵护。

那生命的道路就是美的极致，每朵花都有其独特的色彩，每颗星都有其光芒的璀璨，每缕清风都会送来凉爽，每滴甘露都会滋润原野。

生命是一次旅程，如果能够乘兴而行，不管路途多么遥远，都是幸福而饶有风味的。如果能够体会乘兴而行是一种奔放的生活情趣，那么尽兴而归即体现了果敢、利落、勇于放弃的生活态度，蕴涵着处世跻身的大智慧。

生命是短暂的、无常的，没有一个人敢保证自己能够活到一百岁，所以每个人都应该学会珍惜，学会充分利用生命的价值。

如果有一天，清晨起来，你突然想到山顶上看日出，沿着石阶走了很多层，清脆的鸟鸣和清新的空气足以让你惬意万分，那么，你尽可以将你的脚步停住。

站在山腰看日出一点也不逊色，展现在你眼前的未尝不是一道绝美的风景。你没有必要将自己搞得太累、逼得太紧，你要做的是唱着歌儿，悠然地走好下山的路。

我们是生命的过客，辽远的天空留不下飞过的痕迹，带走的不过是些许的记忆。

当我们停留在生命的指针重合的那一瞬，这些永恒的记忆将带我们回到降生的瞬间，夕阳的迷雾仍在搂抱着眷恋。

生命会前行在历史的脉络上，沿途拾起一枝一叶，留待回忆，世界的存在会清晰而具体；生命会走进时间的大门，让夕阳给出记忆的钥匙。

那捆记忆的柴火那么静静地躺在地上，等生命去抽取沿途拾来的枝枝叶叶，在夕阳的指尖静静回忆。

追寻你的梦想，去你想去的地方，做一个你想做的人，因为生命只有一次，亦只有一次机会去做你所想做的事。

感受生命，珍爱生命，让生命之花盛放吧！

心灵悄悄话

生命犹如过眼云烟，是短暂的，也是美好的，就像流行趋势一样，红极而白，不被看好，但过了一段时间，又被看好。生命就是这样，只有珍爱生命，才能体味生命的美好！

第一篇　生命是爱的源泉

生命最珍贵

大家都知道，在世间万物中，唯有生命最为珍贵。没有生命就没有一切，失去生命，就失去自我、失去生活的权利，所以我们要热爱生命。

一粒种子，一只蚂蚁，都维系着一个小小的生命。在中华五千年文明历史中，是人类用一颗热爱生命的心，创编了一首文明之歌。

终身残疾而自强不息的海伦·凯勒，双耳失聪却创作出世界名曲的贝多芬，他们都在向我们诉说着生命的真谛。是什么力量让他们变得伟大？是什么力量让他们自强不息？哦，是生命，是生命那火一般的力量，让对他们而言不公平的命运变得熠熠生辉。

生命是一种神秘的力量，说它脆弱它就像薄冰一样不堪一击，说它坚强，它又如大山一般坚韧不拔。海伦·凯勒是一位双耳失聪、双目失明的不幸的残疾人，但她凭着自己坚强的毅力和信念，凭着对生命的热爱，先后掌握了四门外语，成为哈佛大学的一名学生。这难道不是生命的奇迹吗？

生命是短暂的，我们应该热爱生命、珍爱生命，用短暂的生命，绘出一幅绚丽多彩的画！

生命是渺小的，就像沙漠中的一粒粒金黄的细沙；生命是伟大的，就像泰山上的一棵棵挺拔的苍松。

父母给予我们生命，它很珍贵，属于我们的只有一次。我们生活在这个世界上，会遇到许许多多苦难：有人在苦难面前倒下了，也有人在根本不算是苦难的境遇面前，轻易舍弃了自己的生命。

在一次讨论会上，一位著名的演说家迈着大步走上讲台，手里高举着一张钞票。

他面对会议室里的 200 个人，问："有人要这 20 美元吗？"一只只手举了起来。

他接着说："我打算把这 20 美元送给你们中的一位，但在这之前，请准许我做一件事。"

他说着将钞票揉成一团，然后问："谁还要？"仍然有人举起手来。

他又说："那么，假如我这样做又会怎么样呢？"

他把钞票扔到地上，踏上一只脚，并且用脚踩它。然后他拾起钞票，钞票已变得又脏又皱。"现在谁还要？"还是有人举起手来。

读了这篇文章，我有了很深的感受，无论演说家如何对待那张钞票，人们还是想要它，因为它并没因为脏、皱而失去价值，它依旧值 20 美元。

在人生的道路上，我们会无数次被失败或碰到的挫折击倒。但是，我们应该相信，我们的生命和这 20 美元一样，是永远都不会失去价值的，我们要把自己的生命当成无价之宝，永远地珍惜它。

在学校，我们经常会看到这样的场景：

走廊上，几位同学横冲直撞，根本不去顾及身边的同学；栏杆前，有同学踮起脚尖，甚至爬上栏杆，好奇地向下张望；楼梯上，一位同学不是走下楼，而是坐在扶手上滑了下去……

每当看到这样的情景，我的心里总感觉有一只小兔子一样一直不停地上窜下跳。难道这些同学就没有想过这样的行为会导致什么样的后果吗？

在走廊上飞奔的同学一旦相撞，往往鼻青脸肿、头破血流；栏杆上的同学一旦掉了下去，后果是可悲的；从扶手上往下滑，只要稍不注意，就会跌落，导致骨折、脑震荡……人的生命是脆弱的，生命一

旦发生什么意外，会留下永远的伤痕；健全身体一旦失去，将永远无法挽回。

心灵悄悄话

我们的生命是用来珍惜的，是用来热爱的，是用来爱家的、爱国的、爱这个世界的。千万不要因为微小的困难而轻易放弃了自己的生命。

爱能改变生命

爱是一种神药，可以给需要安慰的人带来希望，也可以改变生命。

很久以前，生命中所有的态度，都住在一个美丽的岛上。这些具备个性的态度，包括希望、憎恨、怜悯、妒忌、愤怒、自负、爱等，他们在岛上一同生活，建造自己的天堂。

有一天，他们发现身处的小岛正在沉入大海。"各位，小岛正不断下沉，"野心向大家宣布，"我和创造商量过了，我们要修船去找新的居所。在那里我会将土地卖给你们，然后在组织的带领下重建家园。我们必须离开此地。"

最先离开的是冲动和轻率，跟着是悲观，然后是消极。侵略和固执却为应如何做而大吵大闹。挫折和冷漠不久亦走了，他们觉得命该如此，对其他同伴争论应走应留感到厌倦。被动不想卷入如何挽救这个岛的争论，也跟着走了。

态度们一个跟一个地随着船离开了岛，最后只有爱留了下来。爱对小岛的爱很坚定，他决定留守至最后一刻。当其他态度纷纷离开时，爱则在岛上回忆着在这里的快乐日子。小岛快要消失了，没有一个态度尝试挽救它，爱只有依依不舍地离开。他没有准备船只，只有向经过小岛的船呼救。

最先经过的是财富。他的船精雕细琢，是所有船中最大最快亦能航行得最远的。爱向财富喊道："财富，你能帮我离开这里吗？"财富

说："爱呀，我不能载你，因为我的船载了很多金银珠宝，载不动你。"跟着来的是自负。"自负，请你救我！"爱企盼着。"我也很想救你，"自负说，"但你全身湿透，会弄脏我的船的。"跟着他亦消失在大海中。然后爱看到希望："希望，请救救我！"希望说："我希望你明白，我现在只希望这艘船可以撑到对岸，对不起。"

小岛一寸一寸地下沉了。爱爬到岛上最高的山尖，等待其他船经过，但山尖现在只剩下一个小丘了。爱看到悲伤驶近自己，便对他恳求："悲伤呀，让我上你这条船吧！"悲伤对他说："噢，我太悲伤了。想自己一个人静静地过。"跟着来的是高兴，但他因为能够离开此地而太高兴了，根本听不到爱的呼救。恐惧驶近了，但他担心若被其他态度们见到自己接载了爱，会被他们指指点点的，最后亦没有伸出援手。爱向妥协求救，但妥协告诉爱要接受现况，与小岛一同沉入海底。爱向愤怒求救，但愤怒认为爱落到这样的田地是咎由自取，对其愚笨感到愤怒。一艘一艘的船驶近又驶远，爱却仍然未能离开，他的心亦跟着岛屿往下沉……

水已经浸到爱的胸膛了。突然有一个声音说："爱，上来吧。我载你走。"爱大喜过望，立即跳进这艘肯救他的船。这艘船看起来十分老旧，饱经风雨的洗礼，但船身仍然坚固结实。爱因为太高兴，竟忘了问救他的老者是谁。

爱向博学问道："是谁救了我？"博学说："是时间救你的。"

"时间？"爱问，"时间为何救我？"博学说："爱，你是所有态度中最伟大的，其他态度都不及你。你能忍受一切。你能承担一切。只要给你时间，你能治愈一切创伤。你知道的，只有时间能了解什么是伟大的爱。"

没有爱的财富，令人变得贪婪；没有爱的自负，令人与人之间的关系变得肤浅；没有爱的悲伤，令人变得以自我为中心；没有爱的快乐，令人失去怜悯；没有爱的恐惧，令人失去勇气和埋没良心；没有爱的妥协，令人对未来失去期望和信心；没有爱的愤怒，令人失去宽恕之心，而没有宽恕之心，无人能获得心灵的治愈。

你对身边之人的爱愈能经受时间的考验，他们便会愈喜欢你。记着，直至星移物换，也许你才会真正明白爱为何物。人与人相处时，总不免会有其他态度，如愤怒、妥协、自负、悲伤等，但记着要以爱对待所有的人。只要时间容许，爱能真正改变生命。

心灵悄悄话

当所有的态度都失去了爱的时候，便会变得恐惧。当时间拥有了爱，爱便活了下来，生命是爱的源泉。珍惜生命吧！拥有生命，拥有爱，生活才可以更美好。

第一篇　生命是爱的源泉

爱使生命更有意义

生命是什么？

它不是一场雨，雨下在地上蒸发成水气还会再落下；

它不是一棵小草，小草冬天枯了春天还会再发芽；

生命是缓缓爬上额头的河流，当我们懂得珍惜时，河道已太深太深，深深的河道里有深深的遗憾。

生命中不可能处处有鲜花，时时有掌声。也许我们勤于耕耘，愧对收成；

也许，探索的风景总山重水复而不见柳暗花明；

也许，我们年轻的信念会被千年积淀的尘雾缠绕，而不能展翅翱翔。但需要坚信的是：生命的大海波澜起伏才恢弘壮阔，人生之路因为坎坷不平才多姿多彩。每个人都应该尊重自己的生命，时刻不忘对生活的责任。

正如一位哲人所言：日子如手中的扑克牌，不在于你摸到了什么，重要的是你如何漂亮地打出去。

如果把我们的生命放在人生的某一小站，进口和出口就是整个人生的象征。有什么样的进口，就会有怎样的出口。然而我们不应把过多的精力耗在设计怎样的进口和出口上，关键是要懂得进的过程中要及时去选择、去行动、去执着地合理使用生命的季节，而对生命的出口，平静、从容对待。那么，无论在怎样的生命季节，留给小站的一定是美丽迷人的风光。

这样，面对每个夜晚的造访，我们都会有一份坦然的对视，不论对与错，浪漫与深沉，花好与月残，只要我们自然真诚地表现生命，度过生命中完整的四季，就会拥有一份坦然、一份灿烂。这样，你能不热爱生命吗？

心 灵悄悄话

生命的意义不在于马到成功，而在于不断求索。用这一信念去拥抱生活，热爱生命，生活才更充实，生命才更有价值。

第一篇 生命是爱的源泉

珍爱宝贵生命

"人最宝贵的是生命，生命对每个人只有一次。"这强有力的语调充分说明了生命的珍贵；"每当回忆往事的时候，能够不为虚度年华而悔恨，不因碌碌无为而羞耻。"这更加说明了生命的短暂和珍爱生命的意义。保尔·柯察金珍惜和热爱生命的精神，同时也反映在许多有名的科学家的身上。

世界著名生物学家达尔文，在进行了几年的航海考察活动以后，身体变得十分虚弱。但他还是用他仅存的时间完成了生物学巨著《进化论》，给后人留下了宝贵的财富。而世界闻名的女科学家，曾经两次获得诺贝尔奖的居里夫人，在丈夫遭意外不幸逝世，并且自己的肺病也越加严重的同时，仍然坚持化学研究，最终又一次取得了成功，这种勇于战胜困难的精神本身也是珍惜生命的表现。由此可见，珍惜生命是每一个成功人士所必备的精神。

另外，在我们的身边也有许多珍惜生命的具体事例。大家大概都知道张海迪吧！她自幼失去了自胸部起下半身的知觉，但在这种情况之下，她仍然以坚强的意志战胜了病魔，取得了健全人都很难取得的博士学位。她的精神支柱就是保尔·柯察金珍惜生命的精神。有一位被评为全国十佳少先队员的小学生，在自幼得了严重的糖尿病的情况下，仍然以坚强的意志坚持学习，并且每天自己注射药物。就是在病情加重住进医院时，也坚持学习文化知识，最后，他竟获得了全校第一名的优异成绩。由此可见，在我们现在的学习和生活中，珍惜生命的精神依然是非常重要的。

在我们现在的学习和生活中，虽然不一定能像那些人一样做出一些大事来，但重要的是要珍惜生命。我们应尽可能地用有限的生命为社会、为需要我们帮助的人做一些事。认真做好这些事，坚持做好这些事，便是我们珍惜生命的表现。

心灵悄悄话

珍惜生命，生命是如此的重要，只有在珍爱生命的基础上，才能为社会，为那些需要我们帮助的人做一些事情。生命是爱的源泉，如果生命都没有了，爱心又怎么会有呢？

第一篇 生命是爱的源泉

无声的爱

　　人间不可以无爱，也不能无爱。如果没有爱，人类将了无生趣。但究竟什么是爱，如何去爱与被爱，这是值得朋友们思考和慎重对待的。母亲的伟大在于她有无私的大爱。这种爱发于自然的天性，不求回报，不讲条件；也无论美丑与良莠，成功与失败。她的爱像大海般深沉，阳光般温暖。爱就是爱，有时候是无声的，只是默默的付出。正是这份无私的大爱体现着母亲深厚的真情。真情与大爱因此而高尚，而令人向往！

　　邰丽华，中国残疾人艺术团的舞蹈演员，中国特殊艺术协会副主席。这位两耳失聪的女孩，用生命演绎的舞蹈感动了国人。

　　家住湖北宜昌的邰丽华，小时候因高烧注射链霉素而失去了听力，从此进入了一个无声的世界。律动课上，老师踏响木地板的震动，启蒙了她对音乐的痴迷，而被她称作"看得到的音乐"的舞蹈也从此成为她生命的亮色——赖以表达内心世界的语言。

　　2003年3月在波兰，一支《雀之灵》舞动了全场观众的心，当他们知道邰丽华听不到掌声时，流下了泪。

　　邰丽华先后出访过20多个国家，在国内外演出数百场，以其"孔雀般的美丽、高洁与轻灵"征服了不同肤色的观众。2005年中央电视台春节联欢晚会上她领舞的群舞——《千手观音》，让中外数亿观众沉思、感动。

"其实所有人的人生都是一样的，有圆有缺有满有空，这是你不能选择的。但你可以选择看人生的角度，多看看人生的圆满，然后带着一颗快乐感恩的心去面对人生的不圆满——这就是我所领悟的生活真谛。"

绚烂之极，归于平淡，平淡若水的"孔雀仙子""观音姐姐"仍在孜孜以求地跳着人生这支大舞。

心灵悄悄话

世界是一个大舞台。也许舞台上没有那么多的道具，很多时候是需要我们自己去演绎的，是需要我们用生命去创造的，因此应该珍爱生命。只有生命的存在才会带来奇迹。

珍惜生命中所有的人

珍惜，有多少人失去了之后才知道珍惜！而又有多少人，忘记了去珍惜，等到哭泣的时候才知道要珍惜生命中所有的人。

有一位城里的母亲，为了让女儿体验艰苦的生活，便带着上中学的女儿千里迢迢来到甘肃最缺水的地方。在甘肃一位农民家里，母女俩看到了一口看似干涸的井。阿姨告诉她们："这还是去年积下的雨水，这里用水紧张，这水得先用来洗脸，然后再用来洗衣服，最后又用这盆脏水去喂猪。"

当女孩看到打来的水里漂浮着一些不干净的东西，水底还沉淀着许多泥土时，坚决不吃这里的饭。她喝着自己带来的柠檬汁和牛奶。两天过去了，女孩带来的食物也快吃光了，就嚷着要回去。这户人家听说她们要回去，为了招待远方来的客人，特地买来了韭菜。但当小女孩看到他们用雨水洗菜、揉面时，她又开始拒绝吃饭。妈妈问她："从井里打上来的水能不能喝？"女儿仍旧回答："不能喝，不干净。"妈妈说："如果你很渴了呢？如果你两天没喝水了呢？也不喝吗？""不喝。"女孩固执而又大声地回答。她觉得自己的生活中绝不会有这种事。

不过那晚女孩哭了，倒不是因为她太渴，这儿太苦，而是妈妈训斥了她，而且更让她感到吃惊的是，这户人家的阿姨和妈妈一样曾是插队知青。在当时只有1个回城名额的时候，阿姨让给了妈妈。因为妈妈是独生女，年迈的外公、外婆没人照料。本来，阿姨的女儿应该有像她一样的生活。

　　这一切，阿姨从未提起，也不让妈妈告诉任何人，只是妈妈看她不懂事。阿姨家数月来仅有的蔬菜便是土豆，为了她们才特意到几公里外的集镇买来韭菜。当她拒绝吃饭时，阿姨却伤心地流泪了。妈妈实在太生她的气了，忍不住才告诉了她。最后，妈妈说："你应该学会珍惜生活中所有的人，不管是处境不如你的，还是微不足道的，因为他们会让你懂得什么是生活。"

　　女孩听后，终于喝了两天来的第一口水。母女俩要回家了，女孩已和这儿的孩子结下了友谊，此刻离去竟有些难舍之情。虽然那些人灰头土脸，衣着破旧，也从未有痛饮好水的酣畅淋漓，但可贵的是他们纯真的爱心，那是浇灌心灵的清泉。

　　女孩回来后的第二年，她邀请阿姨家的女孩到大都市看看。以后，没有妈妈陪伴的暑假，她还是要到甘肃去住一段时间，为了珍惜那里的人们的淳朴和善良，为了珍惜自己美满的生活，更为了珍惜同龄人的友谊。

心灵悄悄话

　　珍惜生命中所有的人，特别是不鄙视那些生活条件不如我们的人。是他们让我们看到了生存的艰难和生活的丰富，让我们体会到了自己生活的幸福。而能怀着一颗感激之心去生活并且通过自己的努力去帮助别人，不也是一种爱吗？学会珍惜吧，那是精神上一笔巨大的财富。

心中有爱，希望在

爱是人类所能期望的有可能改变人生的终极的一种奇迹。在这个世界上，人们之所以身临绝境也没有放弃生活的希望，就是因为世界上有值得自己爱的人。

在一家医院里，同时住进了两位病人。当化验结果出来后，甲当即列了一张告别人生的计划单并且离开了医院，而乙却住了下来。住下来的乙每天衣衫不整，神情萎靡，但医生仍按平常的惯例来询问他："先生，您想吃点儿什么吗？"乙摇了摇头，默不作声。"先生，那您有什么喜好吗？"医生想用心理疗法来给他治疗，但乙还是摇了摇头。医生不甘心地又问："你没有家？""没有。与其承担家庭的负累，不如干脆没有。"年轻的乙说。

"你没有你的所爱？"

"没有，与其爱过之后便是恨，不如干脆不去爱。"

"没有朋友？"

乙叹了一口气说："唉！没有。在这个世界上，除了我自己的躯体外，我一无所有。朋友与其得到还会失去，不如干脆没有。没人爱我，我又何必去费心费力地爱别人呢？"医生听了之后，叹了口气，转身走了出去。他说："我医治过成千上万的病人，每次都是全力以赴，但这个病人，我想是彻底没有希望了。"

而甲出院后，便开始了游历。首先去了他童年居住过的地方，看望了那些抚养他长大的亲人；第二个月，又以惊人的毅力和韧性到三亚旅游，领略了梦中向往的天涯海角的风光；第三个月，他登上了天安门，还去大学拜见了一个自己心目中向往的导师；第四个月，寻找往昔的朋友相聚了一次。下半年，他实现了写一本自传的夙愿，把自己奋斗的历程和一些处世哲理送给自己的女儿。他说："为了那些爱我的人和我爱的人，我要好好活过每一天，然后不留遗憾地离开这个世界。现在我才体会到心中有爱，生活就充满希望，有爱就有真正的生命和人生。"

其实，那时甲患了绝症，而乙经过短期治疗即可痊愈，但一个对生活没有任何留恋的人，生活还会有希望吗？一个没有爱心的人单靠医生的医治，也无法使自己好转起来啊！

有了希望，有了爱，就是再大的挫折也不会将自己击垮，再大的凄风苦雨自己也能从容走过。

心灵悄悄话

爱是改变这个世界唯一的力量和信念。心中有爱的人即便是在风餐露宿流浪的人群中，生活都会有希望，敢把梦想变成现实。而没有亲情和被爱遗忘的人，活着也是行尸走肉，他们把心灵带进了坟墓。正是爱，才使我们的生命有了质的不同。

第一篇　生命是爱的源泉

第二篇 >>>

常怀感恩之心

爸爸妈妈给我们生命、辛辛苦苦养育我们长大成人，是我们最值得感谢、感恩的人！可以这样说：如果一个人对爸爸妈妈都不感恩，那么他就是一个不孝顺的人。一个不孝顺的人，将会受到社会的唾弃，无法取信于人，也无法在社会上立足。善有善报，要时常怀有感恩之心。感恩是一种善于发现生活中的感动并能享受这一感动的情绪体验。怀感恩之心的人，上天自然会眷顾他。当挫折、失败来临时，对生活满怀感恩的人，自然会跌倒了再爬起来，去感谢那些曾经帮助过我们的人、关心过我们的人！

鹿救恩人

善有善报，如果你经常帮助一些人，那么最后你也将得到一些回报。

翠绿的树林里，一条小溪潺潺流过，灿烂的野花装点着林间的小屋。

红日当空，忽然，一只鹿闯进了小屋的院子里，院子里有个小男孩正在玩耍。那只鹿用它的角勾住了男孩的衣服。这把孩子吓坏了，于是他放声大哭起来。他妈妈听到后赶紧跑出来看发生了什么事。她出来时刚好看到那只鹿正拖着孩子向山里跑去。

孩子的妈妈感到十分恐慌。她用尽全力去追那只鹿，但在没跑多远的地方，就发现她的孩子正安然无恙地坐在草地上。当看到他的妈妈来时，小男孩笑着向妈妈伸出手臂。她把他一把抱起，高兴得哭了。

她匆匆忙忙地把她的宝贝儿子带回家。当回到家时，她停下了脚步，浑身僵硬，被眼前的景象惊呆了。当她出门追赶她的儿子时，屋后的一棵大树倒了下来。在树的重压下，整个屋子都被压垮了。所有的墙都被碾碎了，所有的瓦片都被砸成了粉末，屋里的鸡和狗都死了。如果那时她和她的儿子都在家……

随后，小男孩的妈妈想起了大约一年前的一天，一只躲避猎人的鹿跑到了她的屋子里。她很同情那只可怜的、受了惊吓的鹿，便用一些衣服把鹿盖了起来。当猎人尾随他的猎物冲进来时，没找到那只

鹿。他想它一定是从后门跑掉了，所以就继续追赶去了。当猎人走远的时候，她放出鹿，让它重返树林。

那只鹿好像明白是她救了它的命，当它离开的时候，一直向她点头，好像在感谢她的仁慈。她从来没想过那只鹿会记得她的恩情。那只鹿不知何故，知道了那棵树将会倒下砸向她，所以就回来报恩了。

当回想起来这一切后，她说："救别的生命就等于是救你自己的生命。"

是啊，救别人的生命就等于救自己的生命，所以常怀一颗善良的心，始终会得到更多的帮助与支持。

心灵悄悄话

时刻怀有一颗感恩的心，世界会越来越美好。作为社会中的人，我们要学会感恩。感恩于大自然给了我们来到世界的机会，感恩于大自然赋予我们强健的体魄、健康的生命。

用行动感恩

感恩，是每个人应有的做法。只有学会用善良的心去付出、去帮助别人，才会得到别人更多的回报。

一位老师回忆说，他从事学生思想工作20年了，但他始终无法忘记在某学校任教时遇到的一件事。

一位学生的妈妈发高烧了，有气无力地躺在床上。当时这位学生的爸爸在钻井队上班，无法回家，只好盼着15岁的儿子能在放学回家后给妈妈倒杯水、做口饭。

终于放学了。这位同学回到了家，一进门便大喊："妈妈，我饿了，你怎么还没做饭呀？"妈妈强打精神说："妈妈病了，你去煮粥吧。""我不会！"儿子硬硬地答道，"妈，你躺着吧！我自己出去买点吃的，然后去同学家做作业。你晚上别等我了。"说完，儿子冲出了家门。

当晚，这位同学的妈妈幸得邻居相助，才及时住进了医院。医生们说，再晚10分钟就难救了。之后，这位妈妈在医院住了好几天，而她的儿子也一直住在同学家，没到医院看过妈妈一眼。这是一件真实的事情。

这是令人寒心、痛苦而又无奈的回忆。

其实，这样的事例不胜枚举。这些年，不少家长也越来越有所感触。一些爸爸妈妈常常扪心自问："为什么平时我们对孩子关怀得无

27

微不至，现在却得不到相应的回报呢？为什么起早贪黑、省吃俭用地爱孩子，得到的不是孩子的感激，而是嫌弃？现在的孩子到底是怎么了？"的确，这是大家所看到的真实情况。现在的孩子大都是独生子女，从小娇生惯养，都是衣来伸手、饭来张口的宝贝。

爸爸妈妈为他们所做的一切，在他们眼中都成了理所当然的。更有一些孩子，不替爸爸妈妈着想，不听爸爸妈妈的话，也不认真读书，做错了事也不内疚，铺张浪费，盲目攀比，大手大脚花爸爸妈妈辛辛苦苦挣来的血汗钱，稍有不如意，便大发雷霆……这种病态心理已经不仅仅是感恩不感恩的问题了！爸爸妈妈给我们生命、辛辛苦苦养育我们长大成人，是我们最值得感谢、感恩的人！

可以这样说：如果一个人对爸爸妈妈都不感恩，那么他就是一个不孝顺的人。一个不孝顺的人，将会受到社会的唾弃，无法取信于人，也无法在社会上立足。那我们怎样感恩爸爸妈妈呢？不同的人，有不同的经历、不同的家庭，有着不同的感恩方式！但许多的感恩方法是大家所认可的！

但有一个前提：那就是真心！孩童时代的我们！学会感恩吧！感恩，就是听爸爸妈妈的话！让爸爸妈妈省心！因为爸爸妈妈既要承担沉重的工作压力，忙忙碌碌、辛辛苦苦为我们的家奔波操劳；又要面对他们的爸爸妈妈，尽心尽力让年迈的爷爷奶奶颐养天年；还要照顾年幼的我们，让我们生活得幸福快乐！他们的压力已经很重了！作为亲人，我们应该为他们减压！

我们应该从生活中的小事做起，主动为父母着想，从行动上感谢父母，孝敬父母。比如：有时候发现刚下班的爸爸妈妈比平常累，可以赶紧给爸爸妈妈倒一杯水；过节或是遇到爸爸妈妈的生日时，送给爸爸妈妈一枝花，说一句真心祝福的话；在力所能及的范围内，帮爸爸妈妈做一些小事，像洗自己的衣服，给花浇浇水等；在能够掌握灶台用具的情况下，帮爸爸妈妈做一两次饭；爸爸妈妈都在家休息的时候，让自己做一次"家长"，主持家里的一天事务，切实感受一下爸爸妈妈的辛苦。

　　有时候，可以真心面对爸爸妈妈说出自己感激的想法。当然，也可以用写信的方式告诉他们我们真实的想法，让爸爸妈妈更加了解自己。感恩他们，并不需要我们大张旗鼓。也不要以为这些事情微不足道，它足以让你的爸爸妈妈感到欣慰！

　　有些时候，感恩并不需要语言，让我们回忆爸爸妈妈曾经为自己所做的让我们感动的事情，懂得把爸爸妈妈的恩情记在心中，也就是感恩的开始。

　　让我们用一颗感恩的心，真诚地感恩！让我们用一颗感恩的心，真诚地对待世界上每个人！

心灵悄悄话

　　感恩，铭记在心里。感恩，用我们的行动表示。给父母送上一杯热腾腾的茶，给父母做一次饭，甚至给父母捶捶背，这些都是感恩于我们父母的方式。其实父母要的不多，只要我们拥有一颗感恩的心。

第二篇　常怀感恩之心

微笑在瞬间

微笑，是最美丽的符号。

大年三十，我登上南去的列车，换了票，找到铺位，草草地安顿一下，就躺下了。

悠悠一觉醒来，天尚未晚，我略略扫视一下车厢中我住的这个单元，连我在内只有两位旅客。那一位躺在我对面的铺位上，用毛毯蒙着头，很委屈地蜷缩着。我暗自庆幸运气不佳的不只我一个，朝里一侧身，继续睡觉养精神。

夜色渐渐浓了，车厢里的灯显得很亮。这时传来窸窸窣窣的声音，估计那位蒙头旅客开始吃"年夜饭"了，我也觉得腹内有些空，同时也想看看这位蒙头旅客是什么模样，便慢慢翻过身来。

令我惊讶的是对方竟是一位端庄、秀丽的女孩子，一身学生装束，显得淡雅和有教养，估计年龄在 20 岁左右。这时，她也在注视着我，目光有些犹豫，也有些羞怯。在对视的一瞬间，最多 3 秒钟，我觉得应该对她微笑一下，尤其在这样的时间和空间。事实上，我在心里已经这样做了，但脸上却没有表现出来，那两扇"心灵的窗户"除了透气，毫无反应。对一个女孩子来说，和一个陌生的异性对视 3 秒钟，勇气已达到了极限——她垂下长长的睫毛，神色黯然而凄婉。

草草地用完餐，我便百无聊赖地找出一本书漫不经心地翻着，心里却在猜测着这位女孩子在这种时候出远门的意图。她显然不像我一看便知是单位里的"出差模子"，行装简便，上了车一躺下就像死猪。

她是探亲，旅游，还是和父母赌气离家出走？想到后面这一点，我有点儿不安，南方的那座城市可不是孤身的女孩子游荡的好去处。我不安地抬头看了她一眼：她耳朵里塞着微型耳机，眼睛怔怔地盯着漆黑的窗外，神情像她的心思，令人捉摸不透，但我似乎看出了她内心的一片孤独。

过了一会儿，我决定鼓起勇气给那个女孩一个微笑，但是，那个女孩已经躺下了，用毛毯蒙着头，仍蜷缩着。明天吧，我发誓明天不仅要对她微笑，还要说："新年好！"

子夜时分，列车启动时重重的"哐当"声把我震醒了，远远地传来阵阵辞旧迎新的爆竹声。我心头一热，这些爆竹给人们带来了多少希望啊。正是靠着一个又一个希望的支撑，人们才能在孤独中活着。

阳光透过车窗斜射过来。我醒来时发觉后半夜竟睡得很沉。

那个女孩子已经起来了，此刻正坐在弹簧凳子上侧脸看着窗外的景色。列车顺着山坡缓缓拐了个弯后，又钻进一条隧道，出了隧道，阳光正好照在那个女孩子的脸上。从我坐着的角度看过去是一幅很美的剪影，松软的头发和面部的茸毛勾勒出一圈金色的轮廓。女孩子似乎觉察到有人在注视她，突然回过头来。这本是我向她致意的最好时机，阳光下的景色让人愉悦，在这样的心境下，谁都不会拒绝别人的真诚和善意，可我却因猝不及防而掉转了目光。我觉得这个反应糟糕透了，不仅透着小家子气，还有点儿猥琐。整个上午我都在自责，再也没有勇气实现我的誓言，注定只能在苦涩的孤独中结束这趟旅行了。

午后，我悄悄地在纸上写了"新年好"三个大字，想置于她能看到的地方，但最后还是将它夹进书里。既感到孤独难以忍受，却没有力量自拔；渴望坦诚，又缺乏付出坦诚的勇气，这正是我的悲哀之所在。

当列车缓缓驶进终点站时，夜色已笼罩着这座城市。那个女孩子很吃力地从铺位下面拉着一只装得鼓鼓的大箱子。

看得出来，这个女孩子很要强，几经努力终于将箱子拉了出来，微微喘息着转过身来，并惊讶地发现我竟一直站在她身后。我想，我一定是对她微笑了，而且没有强迫的成分，笑得很自然，她立即回报了一个羞怯而感激的微笑。

下车后，我帮她拎着那只很沉的箱子，默默无语，并肩而行。我们谁也没有去探知对方，就像芸芸众生中擦肩而过，无需知道他（或她）从哪里来，到哪里去，只需给对方一个真诚、袒露的微笑就够了，我们就不会再感到孤独，不会感到寂寞。

对此，我和那个女孩子似乎有着一种默契。

出了站，我为她找了一辆出租车，并帮她把行李安置好，她只是默默看着，有些茫茫然。司机已将车子发动起来了，等她坐进车里，我突然想起什么，从包里拿出书，抽出那张纸条递给她。她展开一看，有些激动，并且也从包里拿出一张叠得方方的纸条递给我，我感到惊奇的是上面也是同样写着"新年好"三个字。

车子启动了，我们彼此微笑着挥挥手。这时，她的眼角里已噙满泪水。

微笑的力量是无比强大的！你送人一个微笑，别人会还你一个微笑。善意的微笑总会得到善意的回报！

心灵悄悄话

我们渴望着沟通和表达，但却总是找不到合适的途径。是微笑打破了这种沉闷的尴尬，敲开了一扇紧闭的大门。此时此刻，无言的微笑成了人与人之间最为动听、最为美妙的表达，它在一对陌生人之间架起了一座桥，让两颗同样孤独的心，因为彼此的祝福而变得温暖。

老鼠报答恩人

报恩，那是对付出的爱心的回报。报恩，是你的善心、爱心让对方体会到了温暖，而一个动物都能回报你的善心，那么人与人之间不更应该多些善心和爱心么？

那年冬天，我被抽调参加了市里组织的农村社教队，来到了群山环抱的靠山村。房东高大娘是位退休老教师，满头银发，约有六七十岁，身体很好，精神头儿也很足。也许是一个人寂寞，她总愿在中午和晚上到我们这边来坐坐，闲谈一会儿。

一天夜晚，大雪封山，我们工作队几个人坐在大娘烧得热乎乎的炕头上，又扯起闲篇来。突然，从墙角处窜出一只硕大的老鼠，吱吱叫着跑到了外间。

我这人天生怕鼠，惊慌失措地叫道："大娘，家里没有鼠药吗？你看那家伙多猖狂！"于是话题扯到老鼠身上，大家都说这家伙太可恶了，应该斩尽杀绝。

不料高大娘坚决反对我们的"高见"，她说人类其实是最自私的动物，为什么把老鼠列为"四害"，不就是因为这小东西侵犯了人类的利益吗，可这地球并非人类的私有财产，人类要生存，其他动物也要生存。比起对生存环境的破坏程度，人类简直不知要超过老鼠多少倍，又有什么权利指斥鼠类呢？世界上有超级大国，如果在动物界评"超级祸害"，够条件的只有一个——那就是人。一席话说得我们这些党政干部面面相觑，觉得似乎有点道理，但又很难从情感上接受。见

此情景，高大娘说："我还是给你们讲一段真实的故事吧。那是20世纪60年代初期，当时正赶上三年自然灾害，家家户户都在节衣缩食，可仍然经常出现断炊。

"那时我丈夫在城里上班，家里只有我和两个孩子，儿子刚满4岁，女儿正在哺乳，我在这小山村里当民办教师。家里缺少壮劳力，日子当然更清苦。

"那天也是这样一个大雪纷飞的夜晚，家里的面缸又见了底。望着两个熟睡中的孩子，我长时间难以入睡，脑子里乱糟糟的，不知想些什么。

"大约半夜时分，忽听从外间屋传来一阵'刷啦刷啦'的声音，我慌忙点亮油灯，声音停了下来。可只一会儿工夫，又'刷啦刷啦'起来。难道进来贼了？我披上外衣，举着油灯大着胆子来到外间，四处看了看，门关得好好的，什么东西也没有啊！就在我停顿的一瞬间，那声音又清晰地传了过来。这次我听清楚了，声音是从面缸那儿传来的。原来一只大老鼠窜到没盖盖子的面缸里，爬不出来了。

"我真是又气又恼。我们一家三口都要喝西北风了，你还来凑热闹，连缸里的几个米粒都不放过，还害得我半夜里受这份惊吓。我转身寻来长长的烧火棍，要把这可恶的老鼠送上西天。

"但当我把棍子高高举起的时候，一件不可思议的事情发生了：只见那老鼠两只后脚立起来，前爪抱在一起，像人一样向我作起揖来，一边吱吱叫着，绿豆大的小眼睛里好像还挂着一层亮晶晶的东西。难道这家伙通人性？人分好坏，难道老鼠也有好坏之分？在这大雪封山的夜晚，它出来一趟也不容易呢，如果家里还奶着孩子那可就更艰难了。想到孩子，我的心一下子软了下来，无论如何，先饶它这一次吧。我把棍子竖到缸里，那家伙敏捷地蹿上来。到了缸边，又冲我作了一下揖，眨眼间就不见了踪影。

"这件事我根本没往心里去，情急之下出现些怪异现象也不足为奇。十几天后，我下班刚回到家，就听见屋里两个孩子兴奋地大喊大

叫。推开门一看，天哪，那只大鼠领着七八只刚会走路的小鼠正在床下玩耍，儿子和女儿趴在炕边上高兴得手舞足蹈。听到我进门，大鼠忙赶到我脚边，又双爪合拢作起揖来，好像在感谢我上次的不杀之恩呢。当时我有些好奇，但对老鼠还是没有一丝好感，就把脚一跺大声说：'快走快走，我们家不欢迎你，再不要来了。'大鼠似乎能看出我不高兴，吱吱一叫，领着孩子跑开了，以后果然好长时间没有再次出现。

"过年的时候，丈夫回来了。我把这件事说给他听，他认为我在编故事，说什么也不肯相信。我也无法证明什么。谁知几天后发生的一件事却让丈夫相信了这一切，也使我彻底改变了对老鼠的看法。

"丈夫这次带回了一百元钱，这是他几个月积攒下的工资，也是我们母子半年的口粮钱。我把它用手绢里三层外三层裹了个严实，放到一个加锁的小盒子里，然后藏到柜子的最里面，可还是差点出了大差错。那天是腊月二十五，白天我和丈夫忙着准备过年的东西很疲惫，夜里睡得特别香。睡梦中一声大叫把我惊醒，模模糊糊地看到柜子边有个人影。我一边捅醒丈夫一边点上灯，这次看清了，原来是村里的二流子，只见他手里拿着放钱的那个盒子，转身就跑。可刚迈了两步，他又'哎哟'一声惨叫，一甩手，把钱盒甩到炕上撒腿溜了。同钱盒一起甩上来的还有一团毛茸茸的东西，原来是那只母鼠，只见它嘴上还咬着一块带血的皮肉呢。是这个小家伙在暗中两次咬了二流子，惊醒了我们，救下了钱盒，多么不可思议啊！这东西真有灵性啊！

"从此我们全家和这只可爱的老鼠成了朋友，孩子们喜欢它，经常把自己舍不得吃的东西留给它。母鼠也经常领着它的孩子们登门造访，有一次竟领来了四五十只。这些家伙这儿看看，那儿嗅嗅，兴奋地吱吱乱叫，它们走了后我仔细检查了一下，家里居然一点被咬被破坏的地方都没有。

"一晃六七年过去了，我的两个孩子都上学了，那只母鼠也变得

第二篇　常怀感恩之心

目光呆滞、老态龙钟。这期间也发生了许多不愉快的事，许多人都对我们不理解，两个孩子在学校甚至被同学们叫作老鼠精，但这并没有阻止我们同老鼠的友谊，孩子们照常喜欢它，它也经常领它的孩子们来串门。

"这年冬天，丈夫为我办妥了工作调动关系，我们一家要到城里团聚了。几天来忙忙碌碌地准备东西，直到我们登上客船，我才想起好长时间没见过那只母鼠了。作为朋友，我们不应该这样不辞而别啊！为此一家人都闷闷不乐，最后丈夫提议到甲板上看看大海散散心，两个孩子自然很高兴，刚要起身，女儿的书包里一阵响动，我立即明白了，顷刻间眼睛里蓄满泪水，那只母鼠同我们一起出发了，它也舍不得我们哪！它不知是晕船还是害怕大海，也许怕我们不带它，只从书包里往外探头探脑瞧了瞧又缩了回去，可我们一家人的心情都很舒畅、愉快。

"到城里后，我们住在高高的六楼。对母鼠来讲，不像农村那样方便了，它从此不再出门，只在屋里玩耍。一听有客人来，就马上躲到儿子为它在阳台上搭起的小窝里。

"转眼到了第二年夏天。城里的夏天仿佛比乡下要热许多倍，再加上许多事情不太适应，一家人的情绪越来越烦躁。也许受了我们的影响，那只母鼠也日渐烦躁不安起来，整日'吱吱'狂叫不停不说，有一次竟把我们刚买的一张写字台咬了两个大洞，气得我当场就要把它驱逐出去。丈夫和两个孩子好说歹说，说我们人都不太适应，何况一只老鼠？它孤独、思乡，能不烦躁吗？想想也有道理，就把它训斥了一顿了事，果然它安稳了好多天。

"这天夜里，天格外闷热，到半夜我刚迷迷糊糊进入梦乡。突然，一阵钻心的疼痛把我疼醒，打开电灯一看，左手食指被什么东西咬破了，鲜血淋漓。我正纳闷，女儿房间里又传出一声惨叫，急忙奔过去一看，女儿苹果似的脸蛋上多了条长长的血口子。枕头上，那只老鼠正在'吱吱'狂叫。我简直要气疯了，抓起笤帚狠命砸去，它却灵敏

地躲开了。丈夫和儿子赶来了，我们一家四口一齐参与了战斗，可那老鼠上蹿下跳怎么也打不着。瞅个空子，它向着大门口窜去。等我们赶到，只看到木门上有个圆圆的鼠洞。这家伙什么时候挖了个洞，我们都没发觉。我和丈夫互相埋怨着、怒骂着打开门，只见那老鼠在楼梯拐弯处叫着跳着，并不跑，仿佛在故意气我们。

"丈夫赌气说今晚非砸死它不可，拿着手电筒追下去。我和孩子们也手持棍棒尾随追去，从楼上追到楼下，从楼下追到小巷里，那老鼠跑跑停停，不时回头挑衅一番，总与我们保持一段距离。看看大家都跑得气喘吁吁，我说别追了，算了吧，养虎为患，就自认倒霉吧，一家人骂骂咧咧，垂头丧气往回走。没走几步，儿子突然又惊叫起来，原来那可恶的老鼠又追上来在儿子的脚背上咬了一口。这下我们的肺都要气炸了，不灭此鼠誓不罢休！我们在空无一人的小巷里奔跑着，转眼间追到了大街上。那老鼠终于筋疲力尽，瘫倒在一株大树下呼呼狂喘。儿子奔过去狠狠一棍砸下，那家伙连哼都没哼一下就变成了肉饼。

"我们终于长长地吐出了胸中的恶气。转身正要往回走，突见天边闪过一道蓝色闪电，接着脚下晃动不已，仿佛汽车急刹车似的把我们一下子摔倒在地，随后便是轰隆隆的巨响，眼看着路边的房屋一幢幢坍塌下来，烟雾冲天。地震！这就是震惊中外的唐山大地震哪！我们全家都明白过来，是那只母鼠救了我们，可它却死于非命。那场大地震，死了多少人，倒了多少楼啊，包括我们住的那幢家属楼全塌了。可我们全家却安然无恙，奇迹般地活了下来，这多亏了那只不忘旧情的义鼠啊……"

高大娘讲得声情并茂，我们听得如醉如痴。一只小小老鼠，竟同人类保持了十多年的友谊，并在最危急的时刻用生命换来主人一家的平安，这太神奇了，却是千真万确、不容置疑的。大家都陶醉在这感人的故事里，不知过了多长时间，才有人问起了后来。高大娘说，后来他们一家带着那只义鼠又回到了这个小山村。两个孩子先后考上了

大学，儿子目前在美国定居，女儿在上海工作。老伴儿前年去世了，骨灰安放在村东小山上，旁边有一个小小的坟头，里边就埋葬着那只义鼠……

爱心，让世界的善良表现得更加明显。爱心，让每个人都体会到世界的温暖。付出你的爱心吧，让爱更加的美丽。

心灵悄悄话

感恩，小到老鼠都知道的。"滴水之恩，当涌泉相报"。多么珍贵的一句话！如果人人都知道感恩，那么这个世界上将充满更多的爱和善良。去发现吧，发现那些帮助过你的人，对他们微笑吧，回报他们曾经给予的帮助。

19 岁的琴声

19 岁那年的夏天，是我记忆中最黑暗的夏天。

18 岁高中毕业，弹一手好钢琴的我本来是很有信心考上音乐学院的，却因为专业考试前一周不幸烫伤了手，只得复读一年重考。可 19 岁的夏天，开出租车的父亲却出了车祸。为给父亲治病，家里值钱的东西都卖光了。

那个炎热的夏天，我做出了有生以来最重大的一个决定：我决定把陪伴了自己 14 年的钢琴卖掉。一是可以换点儿钱为爸爸继续治疗。二是我不再练琴可以节约一大笔钱：一节课 120 元，一个月就得 480 元，光是这一项就得花多少钱啊。

钢琴是我趁妈妈不在家时卖的。那天下午，买主将钢琴搬走后，我一个人坐在空荡荡的房间里，看着钢琴十几年来占据的那块地方，地板上有细细的一层灰，地板的颜色也与旁边的不一样。我拿起一块抹布，跪在那里仔细地擦着那块地板，擦着擦着，泪水便吧嗒吧嗒地掉了下来……

妈妈回来后，我把那沓钞票交给她，她先是诧异，当明白是怎么一回事后，抢起手臂给了我两巴掌："谁叫你卖钢琴的？谁叫你卖的！"我一动不动地看着她说："钢琴卖了还可以再买，可如果爸爸没有了……"话没说完，我的泪淌了出来。妈妈怔怔地看着我，一把搂住我，放声大哭起来："你不考音乐学院了？"

"我仔细想过了，音乐学院的学费太高了，我即使考上也不一定能读得成，不如现在认认真真学好文化课。我想，凭我的成绩，再努

第二篇　常怀感恩之心

把力考个重点本科是没有问题的。"

妈妈的眼泪又满了出来。

星期二，我去老师那儿上了最后一堂钢琴课。

那堂课是我最投入的一堂课。我第一次发现，我跳荡在琴键上的手指与那黑白键是如此的珠联璧合，仿佛它们天生就应该在一起，可是现在它们却注定要彼此分离。

上完课，我向我的钢琴老师深深地鞠了一躬。朱老师，这位清瘦的老太太，她曾无数次为我的演奏击掌叫好，也曾无数次对我大声斥责，今后我再也听不到她的教诲了。

我说："老师，我从下周起就不来上课了。"

她凌厉的目光透过眼镜射向我，半天没说话。

我的声音发颤："老师，我爸爸……"

"我知道你爸爸病得很重，但这不是你放弃的理由。你是我最优秀的学生，我相信你能成功。"

"可是老师。我……"

"别说了，下周二来上课。老师不会再收你一分钱的学费！"看着老师和善而坚定的眼神，我什么话也说不出来。

背着书包走在回家的路上，我的心空荡荡的。回到家，我坐在钢琴曾经占据过的地板上，十个指头敲击着地板，似乎又听到我亲爱的钢琴发出清脆的乐声。

第二天，我从医院回来，刚拐上回家的路，突然听到有人叫："姑娘，喂，弹钢琴的那位姑娘……"我抬头，看到路边一位胖胖的中年男子向我招手，"就是你，你能过来一下吗？"我迟疑了一下向他走过去。

他笑嘻嘻地看着我："你就是天天弹钢琴的那个姑娘吧？"

是不是觉得我天天弹钢琴搅扰了他的清静？

他仍旧笑眯眯的："我姓高，是这所琴行的老板，我想和你商量个事。你现在不是放假了吗？我想请你每天到我的琴行来弹两个小时的琴。"

去琴行弹琴？我大吃一惊。

高老板马上说："当然不是白弹，我每个小时给你10元钱，不，15元也行……"

天下居然有这么美的事？我疑心这里有什么阴谋："为什么要请我弹琴，还给我钱？"

"说实话，现在我正在搞促销，请人来琴行弹琴，一为提高人气，二是想让买琴的人听听我的钢琴质量啊。你反正在家也是弹，在这儿也是弹。"

可他为什么偏偏选中我呢？

高老板笑了："我请人当然还是调查了一番的。附近学琴的孩子多的是，可听家长和老师说，你是里面数一数二的高手……你放心。你弹什么我不管，只要不停地弹下去就行。"

朱老师免了我的学费，现在又找到个免费练琴还能赚钱的地方，简直是天上掉馅饼的大好事。我犹豫片刻，点头同意了。

我的打工生涯就这样开始了。每天，我将作业做完，以最快的速度跑到琴行弹两个小时的琴。然后买菜做饭，将饭菜送到医院，陪爸爸聊一会儿天，回家复习功课……虽然很累，但我从没有像现在这样快乐过。

我弹琴时，门口总会有不少听众，有小孩，也有大人，他们驻足聆听的样子既让我高兴又让我感到局促不安。如果我的琴声不能引来一个人，那怎么算是帮高叔叔搞促销？可若我的同学知道我在这里靠这个赚钱，他们又会怎么想呢？这只是一开始的想法，我弹着弹着就把一切都忘掉了，完全投入了琴声中。

高叔叔有空总会来听我弹琴，他坐在角落，一动不动，似乎也被我的琴声陶醉了。

一个月后，高叔叔将800元钱递到了我手里。我犹豫着不敢接，高叔叔说："这是你的劳动所得，怎么能不要？当然，以后你成了大

第二篇　常怀感恩之心

明星，弹一首曲子就要几万几百万，那时候高叔叔可请不起你了。"说完，他哈哈笑起来。

我攥着800元钱，知道我们一家三口这个月的生活费有了着落。可我想了想，又将400元还给了高叔叔："高叔叔，您一个月给我400元，我每天再多弹两个小时，行不行？"

"只要你不觉得累，弹多久都行啊，我还巴不得呢。"他将钱推回给我。

我把琴行当作了我的琴室，一有时间就泡在里面，弹得手臂都抬不起来，内心却有说不出的欢喜。

生活里开始充满阳光。父亲的身体一天天好起来，母亲的脸上重新有了笑容。老师说我的琴声里有了更多的内容，而高叔叔半年里卖出的琴也比以前多了几倍。

专业考试的日子临近了，朱老师专门把我叫到了她家中住下，除了弹琴什么事也不让我做。她严肃地对我说："老师不仅要你考上，而且一定要考第一名，那样才算没辜负老师这些年对你的培养。"我在钢琴前坐下，手指在琴键上轻轻抚过，清灵的乐声就是我此刻的心情，我凝神弹奏起来，琴声里洒满了阳光……

通知书在焦急的盼望中终于来了。给朱老师打电话报喜时，我差点儿泣不成声。虽然结果在预料之中，可想着这一年来生活的艰辛，一年来老师的关爱，我的泪水禁不住往外涌。

揣着通知书我又来到了琴行，把通知书递给高叔叔，然后向他深深鞠了三躬，高叔叔欢喜得像个孩子。我说："高叔叔，若不是你及时让我在你这儿打工，我根本不可能考上音乐学院……"我从头到尾将父亲车祸住院，自己卖钢琴，打算再也不练钢琴，然后又幸运地遇到了他的事——说给他听，说到最后，我的泪水流了出来。高叔叔的眼眶也湿了。他抹抹泪，又笑着拍拍我的肩膀："这些事我都知道，要不怎么会有这么巧的事？"我大吃一惊，呆呆地看着高叔叔，什么话也说不出来，只能又深深地鞠了一躬，高叔叔却一把拉住了我：

"别谢我，要谢你去谢朱老师吧。"

"谢朱老师？"我愣住了。

"朱老师也是我以前的钢琴老师。那天她急匆匆地找到我，说她一个学生，也就是你，住在我家附近，突然不想学琴了，一定是出了什么事，她让我帮她调查一下。我很快得知你为了筹集父亲的医疗费，把钢琴卖了……朱老师知道这个情况后，本想把你接到自己家里去，可她知道你是个倔强的孩子，于是想出了现在这个方式，让你在自尊心不受伤害的情况下继续把琴练下去。朱老师说，你是她见过的最有天赋的孩子，又特别勤奋，她不能让这样的孩子因为贫困断送了前途……"

原来是这样！可我竟然还收高叔叔的钱！

高叔叔又笑着摆摆手："一开始朱老师要替你付钱给我。说是什么钢琴磨损费，我怎么能让老师掏钱？再说了，能为你做点儿事我也高兴啊，你的孝心让我感动，我真巴不得有你这样一个女儿呢。何况你的琴声为我带来了不少顾客，让我生意兴隆，我得谢谢朱老师谢谢你才对呢！你若愿意继续来我这儿弹琴，高叔叔欢迎，而且一定提高报酬！"

那天，我专门为高叔叔弹奏了一曲。弹着弹着，我的眼里又涌满了泪，这次的泪，是我 19 年来流下的最幸福的泪……

心灵悄悄话

善良，就如一颗种子，从老师那里，牢牢地扎根在"我"心上。善良，有时就是心灵的急先锋，它为一切涂抹上温暖的色彩；而且，它具有最强大的传播性，见者有份。

心存善念

若一个人心存善念，那么，他得到的将会更多。种瓜得瓜，种豆得豆。善良的心回报善良的行为。

安是个弃儿，在孤儿院长大。到四五岁的时候，她就发现自己不能像其他孩子那样自由地运动，因为她患有严重的先天心瓣膜缺损，活动量稍大，就会引起心脏缺氧而昏迷，随时有死亡的危险。安19岁那年到伦敦念大学。在一个冬天的下午，她在学校图书馆里遇见了杰夫，两人一见钟情。

一天，杰夫告诉安，他父母两天后从曼彻斯特到伦敦来见她。晚上，安兴奋地将这个消息告诉了孤儿院院长。院长沉默许久，说："安，你不能爱别人，也不能与人结婚，你的心脏不允许你这辈子过婚姻生活。"

这真是个晴天霹雳！安大喊道："可是我爱杰夫，我愿意为他牺牲一切。"

"我知道，孩子，但那样不仅会要了你的命，而且也不会带给他幸福。"院长的语气充满了同情和无奈。

安哭了。院长说得对，她无法给杰夫所希望的正常的婚姻生活，甚至连孩子都不能为他生，而杰夫却是那么喜欢孩子。

第二天，安没有去学校，只给杰夫寄了张便条，告诉他自己不能去赴他父母之约。

安收拾行李到了长途车站，想远远地离开这里。在售票口，安浏

览完客运线路图，最后决定去遥远的泽西。泽西是英吉利海峡上一个古老的小岛，属英国领土，却临近法国海岸。

车上与安挨着的也是个年轻女孩，活泼而漂亮，她叫哈维蓝，是个演员。她告诉安，她的父母在泽西相识相爱，所以每年全家三口都要去泽西岛。

哈维蓝说："父亲说要在我每个生日之夜向上帝感恩，感谢他给了我们幸福的生活。"安强打精神听着，内心苦涩地想：这个女孩可真幸运啊！

车终于抵达港口，就在等候轮船的间隙安发觉自己忘了随身带药，好心的哈维蓝主动说："别急，我知道这附近有家药店。"说罢匆匆向大街跑去。

安望着哈维蓝轻盈奔跑的背影，也就在那一刻，一辆急速行驶的货车冲出来，然后是很响的刹车声。安的心猛地揪了一下，整个人慢慢瘫软倒下，她似乎看见哈维蓝的金发像天使的小翅膀一样散飞在浓烈的阳光里。

当安从昏迷中苏醒，发现杰夫守候在病床前。她回忆起所有的事情，焦急地问杰夫："还有个女孩呢？她叫哈维蓝。""她没能活过来。"杰夫低声回答。

安的心隐隐作痛，她下意识地伸手去摸索枕头边的护心药。就在这时，杰夫说："不用了，安。哈维蓝的心换进了你的身体，是她父母主动要求的。医生除了冒险给你做移植手术，已经没有第二条路，感谢上帝他们成功了。"

安呆住了，过了好一会儿，泪水顺着她的眼角流下来。记得哈维蓝讲过，她的生日是4月7日，而她死的那天就是4月7日，命运有时简直太不可捉摸了！

哭过以后，安开始询问哈维蓝的父母，医生告诉她，那对失去爱女的夫妻在移植手术的翌日就离开了，他们没有留下地址。安出院后，和杰夫一起到伦敦哈维蓝所在的舞蹈团打听，总算得到了她家的

住址，可找过去，却发现哈维蓝的父母已经去了美国，也许他们需要一个新环境治愈心灵的创伤。

换了哈维蓝那颗健康的心脏，安也开始了自己的新生活。几年后，她与杰夫结下美满姻缘，还生下一双儿女。每年4月7日他们都要去泽西岛，要在靠近岛上圣奥宾湾的一家小酒吧里一直守到打烊时分，那曾是哈维蓝一家每年生日聚会的地方。但对安来说，这不仅仅是怀念的方式，更是一种期盼。

第15个4月7日的夜晚降临时，在圣奥宾湾的小酒吧，一对老夫妇走进来，选了个靠窗的位子坐下。安坐在另一边，忽然感觉到一种异样的心跳，好像有种神奇的力量招引她起身走过去。

迎着两位老人诧异而友善的微笑，安拉过妇人的一只手抚在自己胸口，让心跳传递到对方掌中，两个女人凝望着，眼中泪水盈盈。安哭道："那年我早已心如死灰，只想来泽西找片安静的海水跳下去。而她，多不值得。"

"可是亲爱的，现在我从你脸上看到的是幸福和快乐呀。"老妇人含泪用收回的手抚摸安的面庞。

安说："是的，我活下来了，心里装有两个女孩子对生活的期盼，我必须加倍善待生命。"

"那就没有什么不值得了！"老妇人道，随后她低声对丈夫说了几句。

这时杰夫带着两个孩子走过来，孩子们天真地跟老夫妇打着招呼。忽然，那个小一点的女孩子指着窗外叫道："噢，你们看，月亮从树后面爬上来了。"

每个人都看向窗外，一轮新月正悄悄自棕榈树梢升起，不远处的海面平静无波，泽西4月的夜晚给人一种别样的亲近感。

安低下头，笑着对小女儿说："真是个该向上帝感恩的夜晚，你可不可以为大家把蜡烛点亮，哈维蓝？"

小哈维蓝划了根火柴，伸向桌子中央的银烛台。蜡烛亮了，她仰脸环视着四周的大人，娇憨地笑起来，摇曳的烛光映在她灰蓝的瞳仁里，像闪烁的星星。

心存感恩，心存善念。让爱心在你的生命里发出耀眼的光辉。有爱的世界，才是更美的世界。

心灵悄悄话

心存感恩吧，为你的生命；心存感恩吧，为你的父母；心存感恩吧，为你的生活；心存感恩吧，为你的爱人。有这么多爱的人，对这个世界都心存感恩，对生活也心存感恩，要知道你是多么的幸福啊。

施恩于行动之中

施恩，要用适当的行为表现在适当的行动中。只有这样，才能真正表现出爱心的存在。

有一个非常有善心的富翁，他在盖房子的时候，特别设计了很大的房檐，他想这样做，那些无家可归的穷人，就可以在他的房檐下暂时躲避一下风雨。房子建好以后，的确有很多穷人来到他的屋檐下。因为人很多，所以非常嘈杂，搞得富翁一家苦不堪言。这就给富翁一家的生活带来了不便，他的家人和这些人也有过多次的口舌之争，彼此闹得很不愉快。

冬天，一个老人在房檐下被冻死了。那些和富翁家有过口角的人都议论纷纷，骂他为富不仁。富翁一心想做件好事却遭到了众人的唾骂。

后来，一次刮台风的时候，一般的房子都没有什么事，因为富翁的房子屋檐特别大，结果被掀了顶。那些与富翁心有芥蒂的人有点儿幸灾乐祸，就纷纷说这是报应。

富翁吸取了教训，重新修葺房屋的时候，他就把屋檐盖得很小，并且把省下来的钱建了一间很小的房子。这间小房子虽然很简陋，但许多贫苦无家的人都在这里得到了暂时的庇护，临走的时候都对盖房子的人非常感激。

后来，富翁就因为他的善心，在方圆百里都有很好的口碑。富翁心里明白：施人余荫只能让人感觉这是施舍，让受施者感觉有仰人鼻息的自卑感，自卑就成了敌对。而慈善也要以合适的方式出现，让受施者维持自己的尊严，才能够真正地帮到别人，让别人接受你的爱心并心怀感激。

施恩，如同春日的阳光，带给人温暖与快乐；感恩，感谢那些给予我们温暖的人，回报他真正的善心。

心灵悄悄话

鲜花感恩雨露，因为雨露滋润它成长；苍鹰感恩长空，因为长空让它飞翔；高山感恩大地，因为大地让它高耸。感恩，是时代的主题；感恩，是富人、穷人、大人、小孩、男人、女人都应该学会的。

第二篇 常怀感恩之心

感恩有爱

哈尼小学在加拿大魁北克省哈尼镇。这座学校有在校生两百多人。小学的建筑是镇里最美丽的建筑，学校绿树掩映、歌声喧沸，走进学校如走进水彩画中。可是你猛一抬头，见学校的大楼前的旗杆上飘着一个黑黑长长的东西，哈，还有两条腿！是一条棉裤吗？哈哈，你猜对了。是的，是一条棉裤。准确点儿说，是布鲁先生的棉裤，它是哈尼小学的校旗。

哈尼小学是一个叫布鲁的人创办的。他创办这个小学的目的，就是让孩子们学会爱。旗杆上飘着的这条棉裤，就是他当年为爱情当掉的一条棉裤。这条棉裤，如今成了这所学校的风景。

1912年，布鲁在一所大学读书，他爱上了班里的一位同学。他在看到她的第一眼时就爱上了她，那年布鲁18岁，在他走入大学校门的第一天，他遇到了她，遇到了爱。

布鲁是多么幸福啊，在这个世界上真的有一个人可以让他爱。他敬畏和感恩这世界，他感恩太阳、月亮、风、树、水。试想，不管是谁早生一天或者晚生一天，他都不会遇到她啊。他怀着感恩的心情努力学习，期望用自己的知识换来财富，让他的爱人幸福。他在心里默默对自己说："我是为她而存在的，我要为她的幸福而奋斗。如果我不能让她幸福，我的爱字就永远说不出口。"

4年过去了，布鲁小心呵护着他的爱。他一直没有告诉她他爱她，哦，他说了，但他是用行动表示的。他曾经在一棵树下种下她的名字，也曾经在一个黑夜在一条小路上写下999个"我爱你"。他曾经

在教室里她的抽屉里放过一点儿钱。

转眼就要大学毕业了，她越发美丽了，布鲁也越发珍爱她了。布鲁掰着手指头认真地盘算着未来的生活，突然间，他的心抽了一下，他的心疼了，钱啊，我什么时候才能够挣到足够让她过上好日子的钱？在经过了无数天的思考之后，他决定放弃这段感情。

离校的前一天，布鲁卖了身上所有的东西：手表、收音机、自行车、刚刚买的一件新上衣、姐姐织的围巾。他打听好了，市里有一家最豪华的餐厅，去那里吃饭只要3000加元就行。他把钱仔细数一数，天啊，还差20加元，怎么办？他可是没有一件多余的东西可以卖了。如果在平时他可以借同学的钱，但现在就要毕业了，他哪好意思向同学张口。

我身上还有什么？我身上还有什么？他一遍遍地念叨着，转着圈瞅着地板。忽然，他的眼睛亮了，他看到了身上的棉裤，这是他刚买不久的棉裤，还是新的，也许，能换几个钱。

他跑到楼下，楼下住着他的学弟学妹们。他敲开一扇门，问有没有人需要一条棉裤，他急需钱。直到他敲到第七扇门，他才卖出了他的棉裤，他卖了30加元。

那天，布鲁带着他喜欢的女生去那家最昂贵的餐厅吃了分手晚餐。这家餐厅真的十分温馨美丽。她十分高兴，布鲁也十分高兴。

布鲁是穿着一条单裤去的，那天夜里的温度是-27℃。

付了账，他手里还剩下10加元。

"嗨，等一下。"看着走了十几米远的她，布鲁喊了一声，他转身跑回到饭店，又用10加元给她买了一个蛋挞。

"你的早点。"他说。

布鲁就这样离开了他心爱的女人。他穿着一条单裤在-27℃的街上走。他想忘记她，但是爱终于没能让他忘记。当他终于明白他不能忘记她后，他更加发奋努力了。又过了4年，布鲁成了百万富翁，他把他的爱娶回了家。他赎回了裤子，又盖了一座小学。

自 爱

在讨论校旗的时候，他力争把当年卖出去的棉裤作为校旗。

"我办学校的目的，是告诉从这里走出去的男人们如何爱女人，"他说，"所以，我坚持用那条棉裤做校旗。男人们看到它就会知道，你还有多少东西没有献给你爱的女人。也提醒自己：你离真正的爱有多远。"

心灵悄悄话

在这个世界上真的有一个人可以让他爱，所以他敬畏和感恩这世界，他感恩太阳、月亮、风、树、水。那么我们也有人可以爱，还有许许多多爱我们的人，我们是多么的幸福啊！感恩这个世界，让我们体会更多的美好。

学会感恩

传说，有个寺院的住持，给众僧立下了一个特别的规矩：每到年底，寺里的和尚都要面对住持说两个字。第一年年底，住持问新和尚心里最想说什么，新和尚说："床硬。"第二年年底，住持又问新和尚心里最想说什么，新和尚说："食劣。"第三年年底，新和尚没等住持提问，就说："告辞。"住持望着新和尚的背影，自言自语地说："心中有魔，难成正果，可惜！可惜！"

住持说的"魔"，就是新和尚心里没完没了的抱怨。这个新和尚只考虑自己要什么，却从来没有想过别人给过他什么。像新和尚这样的人在现实生活中很多，他们这也看不惯，那也不如意，怨气冲天，牢骚满腹，总觉得别人欠他的，社会欠他的，从来感觉不到别人和社会对他的生活所做的一切。这种人心里只会产生抱怨，不会产生感恩。有位哲人说，世界上最大的悲剧和不幸就是一个人总要大言不惭地说："没人给过我任何东西。"

两个行走在沙漠的旅人，已行走多日。在他们口渴难忍的时候，碰见一个骑骆驼的老人。老人给了他们每人半瓷碗水。两个人面对同样的半碗水，一个抱怨水太少，不足以消解他的饥渴，抱怨之下竟将半碗水泼掉了；另一个也知道这半碗水不能完全解除饥渴，但他却拥有一种发自心底的感恩，并且怀着这份感恩的心情，喝下了这半碗水。结果，前者因为拒绝了这半碗水渴死在沙漠之中，后者因为喝了

这半碗水，终于走出了沙漠。

　　这个故事告诉人们，对生活心怀感恩的人，即使遇上再大的灾难，也能熬过去。感恩者遇上祸，祸也能变成福，而那些常常抱怨生活的人，很可能遇上了福，福也会变成祸。

　　有一位贫困山区的女孩，她有幸考上重点大学，不幸的是父亲在她进校不久，遇上了车祸而身亡。家中无力供她上学，在她准备退学回家时，社会上的爱心人士送来了关怀，老师和同学也慷慨捐款捐物。大家的赠物，她舍不得使用，藏在箱子里。每天打开箱子看看这些赠物，就想到自己周围有那么多的关怀、爱心，心中就不由生出一种感激之情。这种感激之情又驱使她战胜困难，顽强拼搏。这个在物质上贫困的女孩，却变成了一个精神的富有者。她心怀感恩，终于读完了大学，还以优异的成绩留学美国。她说："大家给我的一切，是我的精神财富，永远留在我的心里。我要努力学好本领，回报祖国，回报父老乡亲。"

　　人有了感恩之情，就像这位女孩，生命会时时得到滋润，并时时闪烁人性的光芒。

心灵悄悄话

　　在任何时候都记得感恩，感谢所有帮助过我们的人，感谢给予我们爱心的人，感谢所有有爱的人。因为爱心是无价的，学会感恩，用爱心回报世界，让世界因爱心而美丽！

第三篇 >>>

敢于奉献勇担当

　　我们每个人都能够给他人提供帮助，这些帮助有时是一次微笑、一句亲切的话，或是发自内心的温暖的感激、喝彩、鼓励、信任和称赞等。当我们把自己的东西与别人分享时，我们留下的东西就会扩大和增加。因此，我们要与别人分享好的和值得向往的东西。我们帮助的人越多，我们得到的也就越多。爱，它之所以很美丽，是由于它乐于奉献。只有付出的人，才能体会到爱的美丽。乐于奉献的人，在爱的世界里，才会感受快乐！那么学会付出吧，让高尚的品德和人生的智慧迸射出来吧！

最伟大的力量

爱，是美丽的，而爱的真正意义在于它的奉献。

20世纪90年代，在我国北方的一个农村里曾发生过这样一个故事：有一个年轻人，血气方刚，谈恋爱不成后竟反目成仇，晚上潜入女方家意图行凶。女方不在，躲过一劫。她哥哥闻声而出，被砍成重伤。

罪犯连夜逃命，警方几年都未能将他抓捕。5年后，罪犯因为思念家中老母，便从外地回家。他不敢坐火车，偷偷地混在拉木材的汽车上，之后，换乘拖拉机再加上步行，辗转几千里，饥一顿饱一顿，一路担心赶到家中。

深夜，当他与母亲团聚在一起时，母亲喜极而泣。她忙前忙后为他烧水、做饭。趁他吃饭的时间，母亲敲开了隔壁的门，让邻居报了警。黎明前，他包好棉衣，准备逃走时，却发觉家的前前后后已被警察包围。他怒火冲天地望着相依为命的母亲。母亲说："儿啊，你别怪娘狠心，你是我的心头肉，我咋能不心疼？要是能替你的罪，娘心甘情愿。但一人做事一人当，法不容情，你还是去监狱服刑吧！"他急了，一把推开母亲，抓起一把菜刀紧紧贴在自己的脖子上。

母亲声泪俱下，晓之以理，动之以情。他不为所动，大声叫嚷着："天下有这样不通情理的母亲吗？虎毒还不食子，你为什么非得把儿子往绝路上逼呢？"形势越来越紧张，他的脖子上隐隐已见血印。母亲一步一步走近他，他大叫："娘，你别逼我，你都不要我了，我

不如自己死掉算了!"在距他 1 米远的地方,母亲停住了,她扑通一声跪在了他的面前:"儿啊,娘 30 岁就守寡,心血全花到你身上,我不疼你谁疼你,娘生你养你 20 多年,还指望你养老送终呢。娘给了你生命,没有教育好你,已经对不住你了。这一跪,就是为了要回你的命啊!"四下无声。他终于号啕大哭:"娘啊,您这又是何苦呢!"菜刀被扔得远远的,他束手就擒。

一个母亲用一次下跪挽救了自己生养 20 多年的孩子的生命,这是怎样的一跪呀!这惊天动地的一跪是大义灭亲,更是爱的明证呀!所有的人无不为之震惊、为之落泪。

爱是生命中最伟大的力量。只要世界上有爱自己的人和自己爱的人,邪恶和罪恶都能被征服。下面故事中这个罪犯,虽然丧心病狂,但最终还是被爱征服了。

有一劫犯在抢劫银行时被警察包围,无路可退。情急之下,劫犯顺手从人群中拉过一人当人质。他用枪顶着人质的头部,威胁警察不要走近,并且喝令人质要听从他的命令。警察四散包围,劫犯挟持人质向外突围。突然,人质大声呻吟起来。劫犯忙喝令人质住口,但人质的呻吟声越来越大,最后竟然成了痛苦的呐喊。劫犯慌乱之中才注意到人质原来是一个孕妇,她痛苦的声音和表情证明她在极度惊吓之下马上要生产,鲜血已经染红了孕妇的衣服,情况十分危急。

四周的人群,包括警察在内都注视着劫犯的一举一动,因为劫犯目前的选择是一场道德与罪恶的较量。作为医生的罪犯,曾在医院里迎来过无数生命的诞生,也感受过每一位母亲承受痛苦的艰难和她们对医护人员真诚的感激。他出于本能想履行自己做医生的职责,但一想到将面临漫长无期的牢狱之灾,又犹豫了。这时,无论对于孕妇、新生儿,还是罪犯来说,时间就是生命啊!而每一个选择对罪犯来说都无比艰难。终于,他将枪扔在了地上,随即举起了双手。霎那间,围观人群中响起了一片掌声，为罪犯未泯的人性。

孕妇不能自持，众人要送她去医院。已戴上手铐的劫犯忽然说："请等一等好吗？孕妇已无法坚持到医院，随时会有生命危险。我是医生！请相信我！"警察迟疑了一下，终于打开了劫犯的手铐。不久之后，一声洪亮的啼哭声惊动了在场所有的人，一个小生命出世。劫犯的脸上挂着医生职业的满足和微笑。人们向他致意，为了他的爱心。

警察将手铐戴在他手上，他说："谢谢你们让我尽了一个医生的职责。这个小生命征服了罪恶。"爱心挽救了劫犯。后来，司法部门考虑到劫犯当时的表现，对他减轻了服刑时间。

心灵悄悄话

爱是生命中最伟大的力量。它足以震慑每个人的心灵，使懦弱的人坚强、邪恶的人善良。爱是温暖、是鼓励、是希望，它的光芒让你沐浴其中，终生难忘。

爱的秘诀在于给予

给予，使很多人都得到快乐！给予，让爱在快乐中成长。

有位老人是个退休的职员，居住在县城。因年事已高，他的手有点颤抖，而且有一条腿在 11 年前因在房顶上晒棉花从梯子上摔下来而跌跛了。

更为不幸的是，7 年前他相依为命的妻子也因中风而进市护理院治疗。7 年如一日，一位病残老人，居然每天花 6 个小时，不顾长途的颠簸劳累，往返近百公里，去探望他养病的老伴。每天上午去，下午回，风雨无阻，甚至连邮递员都不送信的下雪天，他也不间断。

他每天早上 6 点起床，先为老伴做好她喜欢吃的午饭，然后把饭桶放到小三轮里，骑车走 1 公里多路到长途汽车站，然后再搭乘将近 2 小时的汽车到市里。从汽车站到护理院还有 20 多公里路程，只得再转乘 1 个小时的公共汽车才能到护理院。下公共汽车后，他舍不得打出租车，还得一脚高一脚低地再步行将近 30 分钟。虽然累得气喘吁吁，却顾不得擦去额上的汗水，到医院后首先就是亲手喂老伴午饭。每当他将可口的饭菜送到老伴嘴边时，老伴都会感动得热泪盈眶，她感受到了丈夫深深的爱。老人看到老伴开心的样子，也就忘记了疲惫。

下午，为了赶上最后一班回家的长途汽车，他 4 点就必须离开护理院。老伴也担心他的身体，用含糊不清的话语劝阻他，但他挥手制止，安慰她说："我的身体没事，每天能看到你，我就满足了。"老人

回到家后一般都很晚了。他匆匆热一下早晨的剩饭，吃了饭便躺下安歇，以保证第二天能早早起床。

当别人为他的真诚所感动时，他说："恩爱一生的秘诀就是给予。现在是她最需要我的时候，只要我还活着，就要天天陪伴她。"

爱的秘诀在于给予。我们只要为生命中值得去爱的人生活就足够了，而不要去想是否能得到回报。唯有爱才是人类最丰厚和最庄严的奉献，是我们承受苦难和坚强活下来的信心和动力源泉。

门德尔松是德国知名作曲家，他的作品被世人广为传唱。他的祖父有一段美丽的爱情故事，却鲜为人知。他祖父是一位外貌极其平凡的驼背人，但就是这样一个生理上有缺陷的人却用爱赢得了幸福。

一天，门德尔松的祖父到汉堡去拜访一个商人。这个商人有个心爱的女儿弗西。她长得如花似月，有着天使般的脸孔，他一看到她便爱上了她，却因自己外貌的畸形而遭到拒绝。但门德尔松的祖父不甘心就此离去，他鼓起了所有的勇气，上楼到弗西的房间。可让他十分沮丧的是，弗西始终拒绝正眼看他。经过多次尝试性的沟通，他害羞地说："我听说，在每个男孩出生之前，上帝便会告诉他，将来要娶的是哪一个女孩。你相信姻缘天注定吗？"

没想到弗西眼睛盯着地板答了一句："相信，但天注定也不会是你这样的驼背！"然后她得意地反问他："你相信吗？"门德尔松的祖父回答："我出生的时候，上帝就告诉我了，你未来的新娘已经许配好了，她是个驼背。"

弗西听完忍不住大笑起来："真有意思，一对驼背。"

可是门德尔松的祖父却不顾她的嘲弄，真诚地说："我当时向上帝恳求：'仁慈的上帝啊！让一个女人驼背是多么悲惨。求您把驼背赐给我，我愿意背负她的不幸，求您把天使一样的美貌留给我的新娘吧！'"弗西听完这些话后，沉默了。她看着他的眼睛，看见里面有一

种至深至爱的东西，那不是她常见的纨绔子弟的浅薄的赞美。她内心深处被感动了，与一个甘心情愿为我承担不幸而让上帝将美貌给予我的人结合，婚后一定能幸福。于是，她把手伸向了他，成了他挚爱的妻子。

心灵悄悄话

　　爱是人世间最真诚的给予，是生命中最真诚的守候。真正的爱是选择对方的不幸而给予对方相应的幸福，这一束道德之花要用心灵的泉水去浇灌，这样才能为生活增添绚丽的色彩。而爱的真谛，恰恰是奉献。

善心如水

　　善心如水。有机会给予别人一些东西，无论怎样微不足道，对别人来说都是慷慨的馈赠，而自己也会得到真诚的感激和酬谢，"无心插柳柳成荫"。而一味地贪图回报，则"有心栽花花不发"，收到的是无端的怀疑和必然的冷落。

　　第二次世界大战时，欧洲战场打得异常惨烈。盟军最高统帅艾森豪威尔将军乘车回总部参加紧急军事会议。这天，大雪纷飞，滴水成冰。忽然，将军看到一对法国老夫妇坐在马路旁边，冻得瑟瑟发抖。他立即命令身边的翻译官下车。一位参谋急忙阻止说："我们得按时赶到总部开会，这种事还是交给当地的警方处理吧！"

　　艾森豪威尔却坚持说："等警方赶到的时候，这对老夫妇可能早已冻死啦！"于是艾森豪威尔立即把这对老夫妇请上车，特地绕道将这对老夫妇送到家后，才风驰电掣地赶去参加紧急军事会议。原来，这对老夫妇准备去巴黎投奔自己的儿子，但因为车子抛锚，前不着村，后不着店，正不知如何是好。

　　艾森豪威尔的善心义举得到了意想不到的巨大回报。原来，那天几个德国纳粹狙击手正虎视眈眈地埋伏在艾森豪威尔原来必须经过的那条路上。当时如果不是因为行善而改变了行车路线，将军恐怕就很难躲过那场劫难了。

　　善心如水。助人的行动比祈祷的话语更神圣。

离市区最远的云门山一向以贫穷偏僻而著称。近年来，随着旅游的热潮，竟有来自远方的大小车辆不断光顾。云门山下住着一位心地善良的老人。老人有一口井，据说打到了泉眼上，因而不仅水量充裕，而且特别清澈、甘甜，冬天还可以用来洗脚治脚病。于是，不仅山下的村里人前来担水，就连那些前来旅游的人们都拥到老人的井旁，痛快地喝着井水。有不少旅游的人临走时用大壶小桶装得满满的，有的说带回去给家里人尝尝，有的说回去试试是否能治好自己的脚病。

老人没想到自己的一口井竟得到那么多见过大世面的城里人的赞美，心里美滋滋的，嘴里不断地说着："这里也没啥稀罕东西，好喝，就多喝点儿。这井水喝不坏肚子，愿意喝，管够你们。"看到老人如此慷慨，很多游客就把身上带的好吃的、好喝的，争着、抢着往老人手里塞，说让老人品尝他没吃过的食物。老人推让不掉，急忙把自己家的土特产往游客们的口袋里塞。山下的人劝老人卖水挣钱，老人回答说："能让人们喝到甜水是我最大的心愿。"

原来，老人在20世纪60年代是乡里修水库的人。一辈子修渠挖井的他，最大的心愿就是给山下的村里人打一口甜水井，让他们不再为吃水发愁。有一次，旅游的人中有一位省扶贫办主任，当他喝了老人的水，了解到老人的经历和心愿后，被深深感动了。回去后，他便到市里调查。后来，那位扶贫办主任又把打井的款项批下来。一年后，村里人都喝上了清凉的甜水。老人逢人就说实现了自己一辈子的愿望，这比什么都让他高兴。

心灵悄悄话

当人的灵魂被爱浇灌后，它所飘逸出来的只会是人性的芬芳。"善心如水"。多给他人一些爱心的灌溉，自己也必将得到滋润。

学会为别人点一盏灯

奉献，是一种幸福。奉献，是一种快乐！奉献，就是要学会为别人点一盏灯。

光明对于盲人而言无疑是重要的，但他提着灯笼不只是为了自己，更是要将光明带给别人。如果所有的人都点亮一盏灯，在为自己照明的同时也让其他人看见光明，那么整个世界将充满温暖和友善。

美国加州大学洛杉矶分校篮球队的著名教练约翰·伍登告诉自己的队员，在每次他们得分后，都要向传球给他们的队友示以微笑或点头，以此感谢队友的关爱。有一个队员就问伍登："要是对方没有望过来该怎么办呢？"伍登说："别担心，我已告诉所有队员这么做了。为别人献一点爱心，我们的胜利才会多于失败。如果你传给对方球后，我保证他会向你微笑或点头的。"

学会感恩就是给别人点一盏灯，它不但会给对方带来温暖的慰藉，也会鼓励对方更加支持自己走向成功。

有一位师范学校毕业的学生分配到山村教学。他来到这个山村的第四个年头，忽然有一天山洪暴发，冲毁了原来曲曲折折的山路。他急得不得了，因为刚结婚不到一个月，如今交通一断，新婚的妻子和年迈的父母不知会怎样为他担心。

正当他急得团团转的时候，房门被推开了。院子里站了十几位学

生家长和十几位学生，每个人手里都提着一盏灯笼。为首的那个人说："老师，我们送你回家。我们知道山上还有另一条路可走。"他喜出望外，跟在那些人后面走出房门。

天很快就黑下来了，在灯光下他发现前面满是荆棘，其实根本就没有路。他疑惑地问他前面的一个人。那人告诉他，等他们走一个来回，没有路的地方也就有了路。就在他正要详细问时，那人一不小心跌落山崖。他顺手接住了那人手里的灯笼，大喊大叫着要去救他，被众人拉住。最后，当他们走出山外时，他没有回家就返了回来。因为他终于明白了每一次山洪暴发冲坏山民们的路后，按照村里的规定，村中人必须轮流去踩路。虽然踩路的人中有人很可能会有去无回，但所有的人没有一个推脱，因为他们用生命为别人踩出了一条路。

若干年后，当他的学生陆续考上大学时，当村中每一个人都恭敬地称他为老师时，他总是送给每个学生一盏灯笼，说："不要忘记每一个踩路人，没有他们，就不会有我们的今天。愿你们也做踩路人，走出大山，走向大山外面的世界吧。"

心 灵悄悄话

黑暗中，为他人照亮道路并不是一件容易的事，有时需要自己付出很大的代价。付出的爱，奉献的心，感动了所有的人。要是人人都学会为别人点一盏灯，许多灯在一起就会有无数光芒，我们的路才会越走越宽，越走越平坦。

勤于播撒爱的种子

爱，是一颗种子，只有你将它播种，才能开出爱的花朵。

有一位年轻人，在一家商店服务了4年之久，然而并未受到店方的赏识，因此他目前正在寻找其他的工作，准备跳槽。

然而有一天，外面下着大雨，有位老妇人走进了这家商店，并且在商店内闲逛。大多数的店员对老妇人都爱理不理。只有这位年轻人主动向她打招呼，并很有礼貌地问她是否有需要服务的地方。这位年轻人陪着老妇人逛了整个商店，对各种商品进行了讲解，并且主动为老妇人提着买的各种物品。当老妇人离去时，这名年轻人还陪她到街上，替她把伞撑开。这位老妇人对他的服务和帮助极为满意，向他要了张名片，然后径自走了。

后来，这位年轻人完全忘记了这件事，开始寻找更好的工作。没想到有一天，他突然被老板叫到办公室去，老板给他提供了一份更好的工作，而这份工作正是那位老妇人——一位富商的母亲亲自要求他担任的。

当我们给予他人帮助时，并非要得到报酬、补偿或赞美。如果我们做了好事而力求谢绝报酬时，祝福和报酬可能反而会大量地降临到我们身上。

我们每个人都能够给他人提供帮助，帮助别人并不是只有富人才能实现。不管我们做什么工作，我们都可以在我们的心中培养一种炽

烈的愿望去帮助他人。这些帮助有时是一次微笑、一句亲切的话，或是发自内心的温暖的感激、喝彩、鼓励、信任和称赞等。

当我们把自己的东西与别人分享时，我们留下的东西就会扩大和增加。因此，我们要与别人分享好的和值得向往的东西。我们帮助的人越多，我们得到的也就越多。

心灵悄悄话

其实，我们在生活中应该这样，那就是以爱为出发点，多多关心和帮助你周围的人们。这不仅能给别人带来欢乐，也能给你自己的生活带来幸福。

奉献会让生命没有遗憾

我们一再坚持我们的奉献，那是因为只有这种看法才有权利在世界上赢得人类的同情。只要我们将自己的爱心奉献给他人，爱对我们而言便是随手可得的。我们的爱给予他人，我们会因此得到更多的爱。

菲娜是一名老师，只要有时间，她便从事一些艺术创作。在她28岁的时候，医生发现她长了一个很大的脑瘤，便告诉她，做手术存活概率只有2%。因此医生决定暂时不做手术先等半年看看。

她知道自己有天分，所以在6个月的时间里，她疯狂地画画及写诗。她所写的诗除了1首之外，其余的都被刊登在杂志上。她所有的画，除了1张之外都在一些知名的画廊展出，并且以高价卖出。8个月之后她动了手术，在手术前的那个晚上，她决定要奉献出自己的遗体——她写了一份遗嘱，遗嘱中表示如果她死了也愿意捐出她身上所有的器官。

不幸的是，菲娜的手术失败了。手术后，她的眼角膜很快地就被送去马里兰一家眼睛银行，之后被送去给南加州的一名患者，使一名年仅28岁的年轻男性患者得以重见光明。他在感动之余写了一封信给眼睛银行感谢他们的存在。进一步，他说他要谢谢捐赠人的父母能养育出愿意捐赠自己眼角膜的孩子，他们一定是一对难得的好父母。他得知他们的名字与地址之后，便在没有告知的情况下飞去拜访他们。菲娜的母亲了解了他的来意之后，将他抱在怀中。她说："孩子，

69

自 爱

如果你今晚没有别的地方要去，孩儿她爸和我很乐意与你共度这个周末。"

他留下来了，他浏览着菲娜的房间，发现她曾经读过柏拉图的书，而他以前也读过柏拉图的书，他还发现她读过黑格尔的书，而他以前也读过黑格尔的书。

第二天早上，菲娜的母亲看着他说："你知道吗，我觉得我好像在哪儿见过你可是就是想不起来。"突然她想到一件事，她上楼抽出菲娜死前所画的最后一幅画，那是她心目中理想男人的画像。画上的男人和这个年轻人几乎一模一样。然后母亲将菲娜死前在床上写的最后一首诗读给他听。两颗心在昼夜里穿梭，坠入爱河却永远无法抓到对方的眼神。

最彻底的、最善良的爱让菲娜无私奉献她的身体器官。这种奉献超越了物质实体。在精神世界中，奉献为爱赢得了永生。奉献不是减法，而是加法。你奉献了，但你并没有失去，相反，你会得到意外的收获。也许你的奉献只是举手之劳，却会给他人带来满世界的光明。播撒爱的种子吧，它们会让世界变得更温暖。

心灵悄悄话

奉献爱，让爱的种子在世界上播种，种出很多的爱。也许因为一个小小的举动，就会造就世界的光明。

自私是"坟墓"

自私是"坟墓",它只能使你更自闭。只有心胸宽广的无私之人才能和他人一起获得双赢。

从前,有两位很虔诚、很要好的教徒,他们决定一起到遥远的圣山朝圣。两人背上行囊,风尘仆仆地上路,发誓不到圣山绝不返家。两位教徒走了两个多星期之后,遇见一位白发年长的圣者。圣者看到这两位教徒如此虔诚地千里迢迢要前往圣山朝圣十分感动。他告诉他们:"这里距离圣山还有10天的路程,但是很遗憾,我在这十字路口就要和你们分手了,在分手前,我要送给你们一个礼物。这个礼物就是你们当中一个人先许愿,他的愿望一定会马上实现,而第二个人,就可以得到那愿望的两倍!"

此时,其中一教徒心里想:这太棒了,我已经知道我想要许什么愿,但我不要先讲,因为如果我先许愿,我就吃亏了,他就可以有双倍的礼物。不行!而另外一个教徒也暗自想,我怎么可以先讲,让他获得加倍的礼物呢?于是,两位教徒就开始客气起来,"你先讲嘛!""你比较年长,你先许愿吧!""不,应该你先许愿!"两位教徒彼此推来推去,客套地推辞一番后,两人就开始不耐烦了,气氛也变了,"你干吗?你先讲啊!""为什么我先讲?我才不要呢!"

两人推到最后,其中一人生气了,大声说道:"喂,你真是个不识相、不知好歹的人,你再不许愿的话,我就把你的狗腿打断、把你掐死!"另外一人一听,没有想到他的朋友竟然恐吓自己,于是想:

"你这么无情无义，我也不必对你太有情有义！我没办法得到的东西，你也休想得到！"于是，这个教徒干脆把心一横，狠心地说道："好，我先许。"

很快地，这位教徒的一只眼睛瞎掉了，而他的好朋友，也立刻瞎掉了两只眼睛。

原本这是一件好事情，但是狭隘、贪念与嫉妒左右了人的情绪，所以使得祝福变成诅咒、好友变成仇敌，更是让原来可以双赢的事，变成两人瞎眼的双输的结局！

自私，只会让我们步入生命的死胡同，永远得不到阳光与雨露的滋润。人生多一点分享的心态，我们就会看到更精彩的风景。许多人的人生之路越来越狭隘，这或许与自己自私的心态有很大的关系。

心灵悄悄话

自私，只会让生命的路走得更艰辛。自私的人，总是会想到自己得到的好处，从不为对方着想，但结局是悲惨的。只有乐于奉献，为朋友着想，摈弃自私，才能获得更多。如果失去了爱的能力，他的人生也会异常黯淡。

付出是一种享受

　　人生最大的幸福和快乐不是获得，而是给予和付出。付出是人生的一种享受，学会付出是人类爱心的体现，同时也是一种处世智慧和快乐之道。

　　有个人在沙漠中穿行，遇到沙尘暴，迷失了方向。两天后，烈火般的干渴几乎摧毁了他生存的意志。沙漠就像一个极大的火炉，要蒸干他的血液。绝望中的他却意外地发现了一幢废弃的小屋，他使出最后的气力，拖着疲惫不堪的身子爬进堆满枯木的小屋。定睛一看，枯木中隐藏着一架抽水机，他立刻兴奋起来，翻开枯木，上前汲水，但折腾了好大一阵子，也没能抽出半滴水来。

　　绝望再一次袭上心头，他颓然坐地，却看见抽水机旁有个小瓶子，瓶口用软木塞堵着，瓶上贴了一张泛黄的纸条，上边写着："你必须用水灌入抽水机才能引水！不要忘了，在你离开前，请再将瓶子里的水装满！"他拔开瓶塞，望着满瓶救命的水，早已干渴的内心立刻爆发了一场生死决战：我只要将瓶里的水喝掉，虽然能不能活着走出沙漠还很难说，但起码能活着走出这间屋子！倘若把瓶中唯一救命的水倒入抽水机内，或许能得到更多的水，但万一汲不上水，我恐怕连这间小屋子也走不出去了。

　　最后他还是把整瓶水全部灌入那架破旧不堪的抽水机，接着用颤抖的双手开始汲水。水真的涌了出来！他痛痛快快地喝了一顿，然后把瓶子装满用软木塞封好，又在那泛黄的纸条后面写上："相信我，

真的有用。"几天后，他终于穿过沙漠，来到绿洲。回忆起这段生死历程，他总要告诫后人：在取得之前，要先学会付出。

在人生中，在通往成功的路上，我们往往并不是缺少获得扶持的机遇，而是不懂得"先学会付出"这个道理，没有好好把握机遇。正如上边那个故事中的人，如果喝光了瓶中的水，他永远也看不到抽水机里奔涌出来的水，究竟黄纸条上说的是真还是假，恐怕他到死也无法断定。

这个道理听来或许是稀松平常，但真要"学会付出"，恐怕也不是每个人都能做到的。让高尚的品德和人生的智慧进射出来吧，"先学会付出"，让成功从这里开始！

心灵悄悄话

爱，它之所以很美丽，是由于它乐于奉献。只有付出的人，才能体会到爱的美丽。乐于奉献的人，在爱的世界里，才会感受到快乐！

懂得"施与受"的艺术

拿破仑·希尔和斯通在《PMA黄金定律》一书中写道:"为你自己找到幸福最有保障的方法就是奉献你的精力,努力使其他人获得快乐。幸福是捉摸不定、透明的事物。如果你决心去追寻幸福,你将会发现它难以捉摸;如果你把幸福带给其他人,那么幸福自然就会来到。"

这是基本真理。我们都是兄弟姐妹,但人们却经常不明白这个道理,并且彼此疏远,或是把我们的精力用于武装战斗,企图打败对方——通常是想获得物质上的成就,但物质成就却无法给予我们人性慈善中所经历到的那种喜悦。

有这样一个故事:一个男子坐在一堆金子上,伸出双手,向每一个过路人乞讨着什么。

吕洞宾走了过来,男子向他伸出双手。"孩子,你已经拥有了那么多的金子,难道你还要乞求什么吗?"吕洞宾问。"唉!虽然我拥有如此多的金子,但是我仍然不幸福,我乞求更多的金子,我还乞求爱情、荣誉、成功。"男子说。

吕洞宾从口袋里掏出他需要的爱情、荣誉和成功,送给了他。一个月之后,吕洞宾又从这里经过。那男子仍然坐在一堆黄金上,向路人伸着双手。

"孩子,你所求的都已经有了,难道你还不幸福么?"

"唉!虽然我得到了那么多东西,但是我还是不幸福,我还需要

快乐和刺激。"男子说。

　　吕洞宾把快乐和刺激也给了他。一个月后，吕洞宾从这里路过，见那男子仍然坐在那堆金子上，向路人伸着双手——尽管有爱情、荣誉、成功、快乐和刺激陪伴着他。

　　"孩子，你已经拥有了你所希望拥有的，难道你还要乞求什么吗？"

　　"唉！尽管我拥有了比别人多得多的东西，但是我仍然不能感到幸福。老人家，请你把幸福赐给我吧！"男子说。

　　吕洞宾笑道："你需要幸福吗？孩子，那么，请你从现在开始学着付出吧。"吕洞宾一个月后又从此地经过，只见这男子站在路边，他身边的金子已经所剩不多了，他正把它们施舍给路人。他把金子给了衣食无着的穷人；把爱情给了需要爱的人；把荣誉和成功给了惨败者；把快乐给了忧愁的人；把刺激送给了麻木不仁的人。现在，他一无所有了。看着人们接过他施舍的东西，满含感激而去，男子笑了。

　　"孩子，现在，你感到幸福了吗？"吕洞宾问。

　　"幸福了！幸福了！"男子笑着说，"原来，幸福藏在付出的怀抱里啊。当我一味乞求时，得到了这个，又想得到那个，永远不知什么叫幸福。当我付出时，我为我自己人格的完美而自豪、幸福；为我对人类有所奉献而自豪、幸福；为人们向我投来感激的目光而自豪、幸福。谢谢您，您终于让我知道了什么叫幸福。"

　　当你帮助他人时，你就是在帮助你自己。你将会觉得与他人间有一种亲密的感觉，而他人就是你的世界。你会觉得自己是一个对世界和社会很有贡献的人。此外，如果接受你帮助的人对你十分感激（大多数人对善心的帮助都会十分感激），你将会感觉到他对你的温情反应，而你们的关系将会因此而十分友善。在这个由人组成的社会中，你会感觉更舒服，也绝不想退缩到一个内心深处如行尸走肉般的生活。

要想活得幸福，你必须懂得"施与受"的艺术，因为这正是维持文明生活所必需的血液。一个人必须体会到施与的喜悦——那种因为使别人幸福而令你自己浑身舒服透顶的欣喜感觉，才知道幸福的真正意义。

心灵悄悄话

是啊，一个人若只知接受他人的恩惠与施舍，必然永远不会幸福。一个男人的一生若只是像一条鲨鱼那样紧紧抓住金钱不放，或是某个女人只知道像只被宠坏的小狗那样接受其他人所赠送的礼物，那他们都不会感到幸福。

第三篇　敢于奉献勇担当

真诚关怀别人

关怀别人是我们为人处世中一个不可或缺的因素。然而环顾我们的周围，有多少人只知道一味要求别人的关怀与爱，而不知反求于己。当然，这些人到头来终究无法遂愿。

如果你不先付出对别人的关怀，别人又怎么能关怀你呢？已故的维也纳心理学家爱佛瑞·艾德纳，在其著的《人生真义》一书中曾说："只有不懂得关怀别人的人，其生活才会面临真正的痛苦，甚至伤及他人。世界之所以充满失败，正是由这些所造成的。"

只要我们肯表现出真正的关心与爱戴，即使最忙碌的人，也会忙里抽空，帮我们解决问题。

任何一个人，屠夫也好，国王也好，谁都喜欢受到别人的推崇、爱戴。

如果我们真想交朋友，就该摒弃自我因素，全心全意为别人。

有一个深懂此道理的人，常常"设法"关怀别人。

他一直想查出一些好友的生日。为了不被对方看出他的动机，经常都是拿占星术做幌子，装作要替对方算命，以套出其生日，并趁对方不注意时，将其出生日期记在笔记本上，回家后再记录到另一个本子上。

随后他每年都记着日期，给朋友寄上贺卡和发去贺信；这种关怀常常使朋友们感激不已。

曾有一名罗马诗人说过:"只有付出我们的关怀,别人才有可能反过来关怀我们。"

曾任哈佛大学校长的查尔斯-伊里博士之所以能成为一名杰出的大学校长,也是因为他总是对别人关怀备至。

一天,一个名叫克兰顿的学生到校长室申请一笔学生贷款,被批准了,他万分感激地向伊里道谢。正要退出时,伊里说:"有时间吗?请再坐一会儿。"

接着,学生十分惊奇地听到校长说:"你在自己的房间里亲手做饭吃。是吗?我上大学时也做过。我做过牛肉狮子头,你做过没有?要是煮得很烂,这可是一道很好吃的菜呢!"

接下来他又详细地告诉学生怎样挑选牛肉、怎样切碎、怎样用文火煮等,并告诉他要放冷了再吃。"你吃的东西必须有足够的分量。"校长最后说。

真是位了不起的哈佛大学校长!有谁会不喜欢这样的人呢?

每一个人都有"希望自己被别人关心"的欲求。例如,薪水本来是由银行来代为转账,而不是由老板交到职员手中的,但是如果为员工着想,老板最好一边说着:"你总是这么努力,真感谢你!"一边亲自把薪水交到每个人的手中。因为即使是这么简单的一件事,职员也能感受到被关怀的温暖。

有一个公司的管理者,每月都在每个员工的薪水袋中放入自己亲笔所写的慰劳便条。因为常出差,所以他很少有机会和职员相处,于是就想到这种方法作为沟通的手段——"这个月时常加班,辛苦你了,因为你的努力,才会有如此好的成绩。假日时请在家中好好休养。""听说你的儿子获得了少年体操比赛的好名次,真是了不起的孩子,一定会有出息的。"

自 爱

在薪水袋中加入这样的留言,职员会怎么想呢?应该会感激:"啊!老板总是那么关心我的事情呢!"这种与人交往中的真诚关怀,会衍生出良好的人际关系,两者合为一体,会产生几倍的强大力量,这种力量就能带来成功与幸福。

心灵悄悄话

只有在你真正关怀别人的时候,你才会受到关心;只有敢于奉献爱,才能获得你想要的关心。学会去真正关心别人吧!

幸福长寿的秘诀

幸福的秘诀是什么？长寿的秘诀又是什么？没错，就是爱！

有一位老爷爷过90大寿，为寿星祝寿的人都称赞老爷爷身体硬朗、红光满面、精神抖擞，一点都不像90岁的人。其中有人问老爷爷长寿的秘诀是什么。"好吧，我告诉你们我的秘密！"老爷爷当众神秘且得意地道，"65年前我结婚的时候，我和太太就在新婚之夜约法三章——今后只要我们吵架，一旦证明谁理亏，谁就要去院子里散步。这几十年来，每次吵架，都是我到院子里或街道上散步。"

听完这故事，所有人哄堂大笑，其中一人说："怎么每次都是您理亏？！"其实，老爷爷并不笨，也不可能每次都是他理亏，但由于他的"忍让"，每次都是他"主动"到院子里散步，减少了夫妻间无谓、无休止的争吵。老爷爷的精神实在令人感动与敬佩。试想多少男人、女人能够事事不相争，宁愿"自认理亏"地在言语上让步，能够闭起恶言相向的嘴，让两人都获得"宁静自省"的片刻呢？

的确，很多人都会"争辩"，但不一定都会"说话"，尤其，争得面红耳赤时，怎还会记得"退一步海阔天空"的道理？但是事实证明，争辩越多的人，一定会渐渐不喜欢用"耳朵"也较少用"心"和"脑"思考，这样他们也就越发没有思想。

培根说："少年人爱在嘴上，中年人爱在行动上，老年人爱在心里。"过90大寿的老爷爷，他的爱既在嘴上，又在行动上和心里。真

自 爱

心相爱，谨守不恶言相向、不争执的真谛，才能够白头偕老、长寿安康。

莎士比亚说："一个发怒的女人，有如一池受了搅动的泉水，混浊可厌，失去了原来的美丽与文静，一个无论怎样口干舌燥的人，都不愿啜饮它一口。"其实，岂止仅是"发怒的女人"如此可怕，发怒、争辩的"男人"一样面目可憎！

唯有在言语中有恒久的"爱心"，"自认理亏"地静思，才是幸福长寿的秘诀。

心灵悄悄话

老爷爷幸福长寿的秘诀是因为他懂得谦让，懂得主动认错。这不正是爱的体现么？一个人如果拥有爱心，就会活得开心，生命自然会延长。

钱买不到尊重与爱

钱，可以买到很多的东西，却买不到尊重和爱。

有位富翁十分有钱，却从未受到旁人的尊重，他为此苦恼不已，每日寻思如何才能得到众人的敬仰。

某天在街上散步时，他看到街边一个衣衫褴褛的乞丐，心想机会来了，便在乞丐的破碗中丢下一枚亮晶晶的金币。谁知乞丐没有抬头，仍是忙着捉虱子。富翁不由生气："你眼睛瞎了？没看到我给你的是金币吗？"乞丐仍不看他一眼，答道："给不给是你的事，不高兴可以要回去。"富翁大怒，意气用事起来，又丢了 10 个金币在乞丐的碗中，心想他这次一定会向自己道谢，却不料乞丐仍是不理不睬。

富翁几乎要跳了起来："我给你 10 个金币，你看清楚，我是有钱人，好歹你也尊重我一下，道个谢你都不会。"乞丐懒洋洋地回答："这是强求不来的。有钱是你的事，尊不尊重你则是我的事。"富翁急了："那么我将我财产的一半送给你，能不能请你尊重我呢？"乞丐翻着一双白眼看他："给我一半财产，那我不是和你一样有钱了吗？为什么要我尊重你？"富翁更急了："好，我将所有的财产都给你。这下你可愿意尊重我了？"乞丐大笑："你将财产都给我，那你就成了乞丐，而我则成了富翁，我凭什么来尊重你？"

故事中的富翁倚仗着有钱，想获得别人的肯定与尊重；而乞丐的顽强，则更清楚地点明了金钱与尊重在许多时候是难以画上等号的。

自 爱

有人说过："金钱与粪尿相同，积聚它便会放出恶臭；然而散布时，则能肥沃大地。"积聚金钱是否会发出恶臭，答案见仁见智，我们不予讨论。但散布财富，的确能够拥有花香扑鼻的美丽庭园。故事中的富翁若能明白这一点，要受人尊重也就不难了。

立志自我完善，已经完成了最高层次的自我实现，如何获得金钱、尊重及爱，只是过程而已，这要看我们如何去付出金钱、尊重以及对人的挚爱。爱人者，人恒爱之。

1921 年，路易斯·劳斯出任星星监狱的监狱长，那是当时最难管理的监狱。可是在 20 年后劳斯退休时，该监狱却成为一所提倡人道主义的机构。研究报告将功劳归于劳斯。当他被问及该监狱改观的原因时，他说："这都是由于我已去世的妻子——凯瑟琳，她就埋葬在监狱外面。"

凯瑟琳是三个孩子的母亲。当劳斯成为监狱长时，每个人都警告她千万不可踏进监狱，但这些话拦不住凯瑟琳！第一次举办监狱篮球赛时，她带着三个可爱的孩子走进体育馆，与服刑人员坐在一起；她的态度是："我要与丈夫一道关照这些人，我相信他们也会关照我，我不必担心什么！"

一名被判定有谋杀罪的犯人瞎了双眼，凯瑟琳知道后便前去看望。她握住他的手问："你学过点字阅读法吗？""什么是'点字阅读法'？"他问。于是她教他阅读。多年以后，这人每逢想起她的爱心还会流泪。凯瑟琳在狱中遇到一个聋哑人，结果她自己到学校去学习手语，以便和这人交流。许多人说她是圣人的化身。在 1921—1937 年，她经常造访星星监狱。后来，她在一桩交通事故中意外逝世。第二天，劳斯没有上班，由代理监狱长管理监狱的工作。消息立刻传遍了监狱，大家都知道凯瑟琳出事了。

接下来的一天，她的遗体被放在棺材里运回家，她家离监狱不是很远。代理监狱长早晨散步时惊愕地发现，一大群看上去最凶悍、最冷酷的囚犯，竟齐集在监狱大门口。他走近去看，见有些人脸上竟流着悲哀和难过的眼泪。他知道这些人爱凯瑟琳，于是对他们说："好了，各位，你们可以去，只要今晚记得回来报到！"然后他打开监狱大门，让一大群囚犯走出去，在没有守卫的情形之下，走过去见凯瑟琳最后一面。结果，当晚每一位囚犯都回来报到。

人不能总是慨叹"人生苦短，儿女情长"。在生活中只要真正体会到了爱心，真正领悟到风中那颗爱你的心，并能将你的爱心奉献给他人，那么你就能感觉到生活的幸福。

心灵悄悄话

富翁得不到尊重，因为他不懂得用爱心。而凯瑟琳能将监狱里的人变得如此有爱，是因为她用她的爱心感化了所有在监狱里的人。生活中也一样，只要我们勇于奉献爱心，世界会变成美好的人间。

第三篇 敢于奉献勇担当

第四篇 >>>

让世界充满阳光

"只要人人都献出一点爱,世界将变成美好的人间。"这一度流行全国的歌词,表达了人们对爱的呼唤和向往,也表达了人们对美好人间的期待。的确,在我们的生活中,你的一个爱心举动就可能带给别人巨大的改变。

生活需要认真对待,与人相处更应多份真诚与体贴,珍惜别人给予的关心,接受每一次感动,同时奉献出自己的热情与爱心。有时候一句话、一个微笑、一束鲜花就足够了,这时你并没有损失什么,却给别人带来了温暖,让世界充满了阳光。

给予爱，世界更美

这个世界，因为有爱，所以美丽！

从前有一位国王，他有一个极疼爱的儿子。因为父王的疼爱与权力，这位王子可以得到一切他想要的东西，然而他仍常常眉头紧锁，面容戚戚。有一天，一位魔法师走进王宫，对国王说，他有方法可以使王子快乐，能把王子的戚容变成笑容。国王听了大为高兴，对魔法师说："如果你能办到这件事，你要求的任何赏赐，我都可以答应。"

于是魔法师将王子领入一间密室中，用一种白色的东西在一张纸上涂了一些字迹。他把那张纸交给王子，让王子走入一间暗室，然后燃起蜡烛，注视着纸上呈现出的东西。说完魔法师就离开了。这位年轻的王子遵意而行，在烛光的映照下，他看见白纸上面浮现出绿色的光芒，变成一行文字："每天为别人做一件善事"。王子遵照魔法师的劝告，很快就成为王国中最快乐的少年。

一个人的生命，只有有助于他人，才能称得上快乐与幸福。我们必须有所"给予"，才能有所获取，我们的生命才更有意义。

有一次，一位哲学家问他的学生："人生在世，最需要的是什么？"有一位学生回答道："一颗爱心！"那位哲学家说："在这爱心两字中，包括了别人所说的一切东西。因为有爱心的人，对于自己能自安自足，能去做一切与己适宜的事；对于他人，他则是一个良好的

伴侣和可亲的朋友。"

　　一颗温柔的爱心、一种爱人的性情，是我们最大的财富。我们给予他人爱、同情和鼓励，我们本身却并未因为给予而有所损失，只会由于给予而获得更多。我们把爱、同情、善意给予得愈多，我们所能收回的爱、同情和善意也就愈多。

　　有一位50岁的女人，丈夫去世不久，她的儿子又坠机身亡。她被悲伤和自怜的情感所包围，久而久之得了忧郁症，甚至产生了自杀的念头。一位智者知道她的情况后，劝她去做些能使别人快乐的事情。

　　一个50岁的人能做些什么呢？她过去喜欢养花，但自从她的丈夫和儿子去世后，花园就荒废了。她听了智者的劝告后，开始修整花园，撒下种子施肥灌水。在她的精心照料下，花园里很快就开出了鲜艳的花朵。从此，她每隔几天便将亲手栽培的鲜花送给附近医院里的病人。她给医院里的病人送去了爱心和温馨，换来了一声声的感激。这些美好的感激轻柔地流入她的心田，治愈了她的忧郁症。她还经常收到病愈者寄来的卡片和感谢信。这些卡片和感谢信帮助她消除孤独感，使她重新获得人生的喜悦。

　　与人为善，同时你也会得到善；而与人为恶，总是相互指责与猜忌，那么带给你的也只有误解和怀疑。"如果你握紧一双拳头来见我，"威尔逊总统说，"我想，我可以保证，我的拳头会握得比你的更紧。但是如果你来找我说'我们坐下，好好商量，看看彼此意见相异的原因是什么。'我们就会发现，彼此的距离并不是那么大，相异的观点并不多，而且看法一致的观点反而居多。你也会发觉，只要我们有彼此沟通的耐心、诚意和愿望，我们就能沟通。"

　　与人为善，并不是只有大富翁才能做到，我们每一个人都可以做到。怀着那种好心情的人，虽然没有一文钱可以施舍给别人，但是他可能会比那些慷慨解囊的富翁行更多的善事。

世界上到处都有为曾经助人的人所建的纪念碑。这些纪念碑虽不起眼，但却是永远建立在人们心中的。我们在送别人一束玫瑰花的时候，自己手中也会留下持久的芳香。

心灵悄悄话

与人为善，很多人都可以做得到。肯帮助别人，肯为需要帮助的人奉献爱心、给予帮助，在人们的心里，他们是美丽的化身。

第四篇　让世界充满阳光

用爱温暖人心

奉献一点爱心，去爱身边的人，是每个人都容易做到的事。有时候一句话、一个微笑、一束鲜花就足够了，这时你并没有损失什么，却给别人带来温暖，让世界充满了阳光。

1936 年，在柏林，希特勒对着 12 万名观众宣布奥运会开始。他要借世人瞩目的奥运会，证明雅利安人种的优越。当时田径赛的最佳选手是美国的杰西·欧文斯。

德国有一位跳远项目的王牌选手鲁兹朗。希特勒要他击败黑人杰西·欧文斯，以证明他的种族优越论。

在纳粹的报纸一致叫嚣把黑人逐出奥运会的声浪下，杰西·欧文斯参加了 4 个项目的角逐：100 米赛跑、200 米赛跑、4×100 米接力和跳远。跳远是他的第 1 项比赛。希特勒亲临观战。鲁兹朗顺利进入决赛。

轮到杰西·欧文斯上场。第一次，他逾越跳板犯规。第二次他为了保险起见从跳板后起跳，结果跳出了从未有过的坏成绩。

他一再试跑，迟疑，不敢开始最后的一跃：希特勒起身离场。在希特勒退场的同时，一位瘦削，有着湛蓝眼睛的德国运动员走近欧文斯，他用生硬的英语介绍自己。其实鲁兹朗不用自我介绍，别人也都认识他。

鲁兹朗结结巴巴的英文和露齿的笑容松弛了杰西·欧文斯全身紧绷的神经。鲁兹朗告诉杰西·欧文斯，最重要的是取得决赛的资格。

他说他去年也曾遭遇同样的情形，用了一个小诀窍解决了困难。随后，他取下杰西·欧文斯的笔……放在起跳板后数厘米处，从那个地方起跳就不会偏失太多。杰西·欧文斯照做，几乎破了奥运纪录。几天后决赛，鲁兹朗破了世界纪录，但随后杰西·欧文斯以微小优势胜了他。

嘉宾席上的希特勒脸色铁青，看台上情绪昂扬的观众忽然沉静。场中，鲁兹朗跑到杰西·欧文斯站的地方，把他拉到聚集了12万名德国人的看台前，举起他的手高声喊道："杰西·欧文斯！杰西·欧文斯！杰西·欧文斯！"看台上经过一阵难挨的沉默后，忽然齐声爆发："杰西·欧文斯！杰西·欧文斯！杰西·欧文斯！"杰西·欧文斯举起另一只手来答谢。

等观众安静下来后，他举起鲁兹朗的手朝向天空，声嘶力竭地道："鲁兹朗！鲁兹朗！鲁兹朗！"在场观众也同声响应："鲁兹朗！鲁兹朗！鲁兹朗！"没有诡异的政治，没有人种的优劣，没有金牌的得失，选手和观众都沉浸在君子之争的感动里。

杰西·欧文斯创造的8.06米的纪录保持了24年。他在那次奥运会上荣获4枚金牌，被誉为世界上最伟大的运动员之一。多年后，杰西·欧文斯回忆说，是鲁兹朗帮助他赢得4枚金牌，而且使他认识到，单纯而充满关怀的人类之爱，是真正永不磨灭的运动员精神。世界纪录终有一天会被打破，而这种运动员精神却永不磨灭。

生活中，缺少的就是对爱的注意与感动。许多人总渴望着别人理解自己、关心自己，却忽视了对别人的理解与关心。

有一次学校组织义务献血，小王作为其中的一员，上午献完血后就回家休息了。到了晚上，接到校领导和老师打来的电话。虽是几句短短的问候，却让他感到眼睛一阵发热，一直对领导和老师敬畏的他，刹那间心中充满了无限感激，也就在那时，小王真切体会到了领

自 爱

导和老师的关心和爱护。

生活需要好好对待，与人相处更应多份真诚与体贴，珍惜别人给予的关心，接受每一次感动，同时奉献出自己的热情与爱心。

心灵悄悄话

爱心，是世界上最宝贵的东西。爱心正如一杯手中的茶，今天温暖了我们，明天，我们要学着捧出几杯茶，去温暖别人……

爱心是伟大的

"只要人人都献出一点爱，世界将变成美好的人间。"这一度流行全国的歌词，表达了人们对爱的呼唤和向往，也表达了人们对美好人间的期待。的确，在我们的生活中，你的一个爱心举动就可能带给别人巨大的改变：你将一次酒局的花费捐献给希望工程，可能就改变了一个孩子的命运；你种下的一棵树和千千万万棵义务植下的树，可能就让沙尘暴不再肆虐。如此等等，可能只是你不注意而已。

小时候听过一个故事，讲的是寒冷的冬天，一个卖包子的人和一个卖被子的人同到一座破庙中躲避风雪。天晚了，卖包子的很冷；卖被子的很饿。但他们都相信对方会有求于自己，所以谁也不先开口。过了一会儿，卖包子的说："再吃个包子。"卖被子的也说："再盖上条被子。"就这样，卖包子的一个一个地吃包子，卖被子的一条一条地盖被子，谁也不愿主动去帮助对方。到最后，卖包子的冻死了，卖被子的饿死了。

人若敬我，我便敬人；人若爱我，我便爱人；人若求我，我便求人；人若予我，我便予人。卖包子的和卖被子的人所奉行的，正是这样一种处世哲学。可是难道我们就不能将这样的处世哲学转变成人有所需，我就帮人，人有所难，我就济人吗？

众人拾柴火焰高。在每个人都力所能及地做出自己的努力、无私地奉献自己爱心的时候，整个世界就在潜移默化中发生了巨大的

改变。

　　爱心是伟大的，它能使沙漠变成绿洲。只要你乐于奉献自己的爱心，就能在爱的世界中创造生活、享受生活，就没有那么多的烦恼和忧愁了。

心灵悄悄话

　　爱心，是时时刻刻都可以奉献的，只要在我们需要帮助的时候或是别人需要帮助的时候，主动去开口，去帮助人，这样彼此都会受益。不要吝啬自己的爱心，多付出一点，让世界充满爱！

富有同情心

帮助他人就是帮助自己，要时刻保持一颗同情心。我们不能对身处困境的人熟视无睹，那种丧失了同情心的人会把自己推进冷漠的世界。

从前，有一位百万富翁整天向别人吹嘘自己如何如何有同情心。这天，一位十分贫穷的农夫来到富翁家中，向他讲述自己的贫穷生活以及凄惨的人生遭遇。他讲得是那么真切生动。这位百万富翁感到从来没有这么被感动过。他眼泪汪汪地对自己的佣人说："哦！汤姆，赶快把这个家伙赶出去，他讲的故事实在太凄惨了，我的心都快碎了！"富翁整天向别人吹嘘自己有同情心，然而当他真正面对凄惨的农夫时，虚伪的本质就暴露无遗了。因为他的行动与他的言辞恰恰体现出了他为富不仁的一面。

人生不可能一帆风顺，有时遭受的甚至是毁灭性的打击，在这种时候没有人会拒绝别人善意的帮助。"君子不乘人之危"是说正义的人不要在这个时候再给他人伤口上撒一把盐，把别人置于死地。我们主张"君子好乘人之危"是指在别人处于危难之时，君子能够挺身而出，伸出援助之手。电影或小说中经常有一些这样的片段：两个本是对手的人，其中一方落难后得到另一方的救助，而后两人成了亲密的朋友。敌人之间尚且如此，更何况大多数人是我们的朋友，因此，保持一颗同情心至关重要。

自 爱

俗话说："投之以桃，报之以李。"今天你帮助他人，给予他人方便，他可能不会马上报答，但他会记住你的好处，也许会在你不如意时给你以回报。退一步来说，你帮助别人，他即使不会报答你的厚爱，但可以肯定的是，他至少日后不会做出对你不利的事情。如果他不做不利于你的事情，这不也是一种帮助吗？

心灵悄悄话

同情心，表现在有爱心。若一个人有了爱心，小小的爱，让世界充满了阳光。给予他人方便，他可能不会马上报答，但他会记住你的好处，也许会在你不如意时给你以回报。多多付出你的爱心，也许你会有意想不到的收获。

爱可以创造奇迹

爱可以激发隐藏的潜能。爱的力量是伟大的，我们身后的父母之爱尤其伟大。不要忽视了你身边爱的存在，要让爱之花盛开。

有一少妇在回家的路上，马上要到家时习惯地看一下4楼自家的阳台，可爱的儿子正在阳台上期待着妈妈回来。当看到妈妈时，儿子开始招手，这时少妇也下意识地招手。突然少妇意识到这样可能会有危险，但已经晚了。

儿子由于要抱妈妈，身体前倾，突然失去平衡，从阳台上掉了下来。

这时房间里的人惊呆了，纷纷跑到阳台上去。再看这位妈妈，当发现儿子掉下来的时候，就奋不顾身地去救儿子，也许是感动了上天，儿子被妈妈接住了，并且安然无恙。人们都觉得很奇怪，一个少妇怎么跑得那样快？怎么能接住自己的儿子？因为按少妇当时跑的速度，应该已打破了百米世界纪录。

后来人们找百米世界冠军做了一个试验，同样的距离，从阳台上掉下同样重量的物体，看能否接得住。

结果是，无论如何也接不住。再让这位少妇试，结果也再没有出现打破百米世界纪录的速度。

最后人们总结为：爱的力量是伟大的。我们每个人的身上都有着超乎寻常的潜能。

自爱

这种潜能在平时深深地隐藏在体内。当危急情况出现时，这样潜能就被触发了，从而爆发出巨大的力量，而爱就是这种潜能中的一种。爱的力量非常巨大，它绝对可以创造奇迹。

心灵悄悄话

爱的奇迹，只有在特殊情况下，激发人的潜能，才能出现意想不到的行为。正是因为有爱，世界充满了爱，才会发生爱的奇迹。爱是无价的，让爱充满人间。

爱心可以丰富人生

人生是花，而爱就是花蜜。爱心能使人生更有意义。爱的反面不是恨，而是漠然。一个人如果失去了爱的能力，他的人生也会异常黯淡。

一个城市来了一个杂技团。4个12岁以下的孩子穿着干净的衣裳，手牵着手排在父母的身后，等候买票。

他们不停地谈论着上演的节目，好像他们就要骑上大象在舞台上表演似的。

终于轮到他们了，售票员问要多少张票，父亲神气地回答："请给4张小孩的、2张大人的。"

售票员报了价钱。母亲的心颤了一下，别过头把脸垂了下来。父亲咬了咬唇，问："你刚才说的是多少钱？"

售票员又报了一次价。父亲眼里透着痛楚的目光。他实在不忍心告诉身旁兴致勃勃的孩子们："我们的钱不够！"

一位排队买票的男士目睹了这一切。他悄悄地把手伸进口袋，把一张20元的钞票拿出来，让它掉到地上。然后，他蹲下去，捡起钞票，拍拍那个父亲的肩膀说："喂！先生，你掉了钱。"父亲回过头，他明白了原因。

他眼眶一热，紧紧地握住男士的手："谢谢，先生，这对我和我的家庭意义重大。"

自 爱

有时候，一个发自仁慈与爱的小小善行，就会铸就大爱的人生舞台。充满爱心的人往往能比别人享受更大的幸福，因为他们有三个幸福来源：自己的幸福，别人的快乐，还有自己对别人的付出。

心灵悄悄话

有一种爱，可以让世界充满光明；有一种爱，可以让人心里暖暖的；有一种爱，可以让人的心里充满快乐！而拥有这种爱，你就拥有了全世界。

爱是人生的一盏明灯

爱的方式不同，爱的意义和结果也不同。有明灯的地方，才会有爱！

他和她结婚时家徒四壁，除了一处栖身之地外，连床都是借来的，更不用说其他的家具了，然而她却倾尽所有买了一盏漂亮的灯挂在屋子正中间的天花板上。

他问她为什么要花这么多钱去买一盏奢侈的灯呢，她笑着说："明亮的灯可以照出明亮的前程。"他不以为然，笑她轻信一些无稽之谈。渐渐地，日子好过了，两人搬到了新居，她却舍不得扔掉那盏灯，小心地用纸包好，收藏起来。

不久，他辞职下海，在商场中搏杀一番后赢得千万财富。像很多有钱的男人一样，他很快就有了情人。他开始以各种借口外出，后来就夜不归宿了。她劝他，以各种方式挽留他均无济于事。

这一天是他的生日，妻子告诉他无论如何也要回家过生日。他答应着，却想起漂亮情人的要求，犹豫之后他决定先去情人那里过生日。忙了一天的他到了情人那里时，情人早已睡下，更没给他准备饭菜和生日礼物，以为他在饭店早就吃过了。看看情人实在没有一点为自己过生日的情趣，他才想起妻子的叮嘱，半夜时分急匆匆赶回家中。

远远地，他看见寂静黑暗的楼房里有一处明亮如白昼。走近时，他看出来正是自己的家。一种遥远而亲切的感觉突然在他心中升起。

自 爱

当初创业时，不论多晚，她总是亮着灯等他归来。只要听见楼下自行车响，她都会推开门看；听见他的脚步声时，便急忙下楼帮他搬自行车。后来，生意忙了，应酬多了，妻子担心他喝酒太多磕碰着，更是在楼道里也安上了灯，一直亮着等他归来。

他走到自己的房门口还没掏钥匙，妻子已打开了房门。他看到一桌子丰盛的饭菜，没动一筷子。见他归来，她只是说："菜凉了，我再热一下。"他没有制止她，因为他知道她的一片苦心。吃好饭后，妻子拿出一个生日礼物送给他。他打开，是一盏精致的灯。她说："那时候家里穷，我买一盏灯是为了照亮你回家的路。现在我送你一盏灯是想告诉你，好歹在外面也有人为你点一盏这样的灯，惦记着你，关心着你，一直能陪伴着你，温暖一生，我就放心了。"

他终于动容，最终回到了妻子的身边。因为生活中妻子的爱就是一盏照亮自己一生的灯。

心灵悄悄话

一个女人选择送一盏灯给自己的男人，包含着无限的寄托与企盼！爱是一盏灯，不管它是否能照亮一个人的前程，但它一定能照亮一个男人回家的路。因为这灯光是一个女人从心底深处用爱点亮的。

财富跟着爱心来

爱心，从古至今，都是上天赐给人们最好的礼物。有爱心的地方，就会有财富。

古时候，一个青年看见自家门口坐着两位陌生的女人。一个漂亮，另一个长得很平常，便上前同她们打招呼："你们饿了吧？快进屋吃些东西，暖和一下吧！"漂亮的女人说："我们不能一块儿进屋。"青年奇怪地问道："为什么呢？"漂亮女人指着身后的女人说："我们两个是姐妹，分别叫爱和财富。我们只能一个人到你家去。你和家人商量一下，需要哪一个？"青年当然愿意让漂亮女人进来，于是高兴地说："不用问别人。你进来就可以了。"漂亮女人进来后说："我叫财富，但我没有爱心，只认钱不认人。白天跟你在一起只管数钱，晚上你睡着了，就会走。你永远也得不到我的真心。"青年的父母一听，连忙叫住青年说："咱们家这么穷，她不跟你一个心，只能越过越穷，快叫她姐姐来。"青年虽然舍不得那个漂亮的妹妹，但想到父母说得有理，便走到外面叫来那个相貌平常的女人。可他回头一看，却发现那位漂亮的妹妹也跟着进来了。他和父母都惊喜地问道："你怎么也跟着进来了啊？"漂亮女人答道："我和姐姐形影不离，哪里有爱，哪里就有财富！"

这个故事告诉我们，爱是万能的，拥有了爱，便能拥有一切，包括财富和成功。

自 爱

　　有一位普通的医生，就是因为倾注了对妻子满腔的爱，得到了意想不到的财富。20 世纪 20 年代，在美国有一位叫伊勒·哈斯的医生。他非常爱自己的妻子，除了兢兢业业工作外，就是享受天伦之乐。生活中，他好几次听到妻子和女伴们在一起抱怨她们身为女人的苦恼。于是，他和妻子进行了一次亲密无间的谈话后终于明白了，她们的苦恼并非完全缘于生理现象，很大的一个因素在于妇女用品的不纤巧、不灵活。

　　当时，市场上的妇女用品没有一家是用消毒棉渗透式的原理生产的。深爱妻子的哈斯医生觉得自己该为妻子做些什么。一连几天，他苦思冥想着什么样的妇女用品才能减轻妻子的痛苦。忽然，他想起了医院做手术时，护士们经常用消毒棉和纱布来吸收创口出血。他一下子恍然大悟："我能不能给太太也试用一下呢？"之后，哈斯医生一连几天躲在实验室里，他用压缩的医用药棉制造出长短适中的棉条，再用一根棉线贯穿地缝在棉条当中，并用纸管当导管。经过反复实验，1929 年，世界上第一支女性内用卫生棉条，终于诞生在一个时刻关爱妻子的医生手上。1933 年他获得了专利，为该产品取名丹碧丝。

　　这项造福全人类女性的发明给哈斯医生带来了很大的财富。但哈斯医生的成功，缘于他有一颗深爱妻子的心。哈斯太太一生所感念的，就是丈夫那颗仁爱之心。

心灵悄悄话

　　财富跟着爱心来。当我们为别人付出一点爱的时候，自己也会得到爱的满足。学会为别人付出爱，把宽容、温暖和幸福带给亲人、朋友，带给全社会和全人类。

急难不弃爱

爱是什么？很多人都在问。其实，在危难时候不离不弃才叫真爱！

有一天，一个漂亮女孩在路上走，一个男孩紧紧地跟在她的身后。女孩回过头来问他："这位先生，你为什么紧跟着我？"

男孩说："我爱上了你，你真是一位绝代佳人呀！"后来，女孩和男孩相爱了，爱得那样深，那样切，似乎她的生命中只有这个男孩。每天女孩总会穿过一条马路去为那男孩买早点，然后回来为男孩细心烧煮，烧好了才会小心地喊男孩起床，而那男孩总是在女孩的喊声中才会从朦胧的睡意中醒来，匆匆地吃饭、上班。可是，有一天，女孩在过马路的时候，被一辆急驰而过的汽车撞伤了。撞伤的原因其实很简单，是因为女孩怕男孩迟到，想快一点过马路。

男孩听说女孩被撞伤之后，很伤心地带着玫瑰来看望。在医院里，当他听说女孩可能会在脸上留下伤疤时，就再也没有去看望过她。女孩出院后，男孩有一次在街上看见脸上略有一点伤疤的她，急忙跑了过去，要求重归于好。

女孩微微一笑，说："我的妹妹跟在我的后面走呢。她的眼睛黑得像葡萄，皮肤白得比雪还要光洁，她比我强十倍呢！"男孩高兴地转身就往后跑。跑来跑去，遇见了个老态龙钟的老太婆在道上慢慢腾腾地走着。男孩狠狠地吐了一口唾沫，转身去追那个女孩，追上她就问："你为什么骗我？""我没有骗你，倒是你骗了我。你若真心爱

我，听说我会留下伤疤时会弃我而去吗？现在又跑去找别的女孩，谁敢把终身托付给你这样不负责任的人。"这个男孩听后羞愧难当，只得走自己的路去了。

对于真心相爱的人来说，爱不只是共同接受生活的赐予，更要在大难来临时，互相牵手，共同关爱。

在日本，有一户人家为装修拆开了墙壁。他们的墙壁是中间架了木板后，两边是泥土，里面是空的。他拆开墙壁的时候，发现一只壁虎困在那里。原来是一颗钉子从外到里钉住了那只壁虎。那主人觉得又可怜又好奇，仔细看那颗钉子，他很惊讶，因为那钉子是 10 年前盖房子的时候钉的。那只壁虎竟在墙壁里整整待了 10 年！被钉住了的壁虎，一步也走不动，到底靠什么活了 10 年？到底是怎么回事？主人暂时停止了工程。过了不久，不知从哪里又爬来一只壁虎，嘴里含着食物……

啊，爱！那无比高尚的爱！那生死不变的爱！为了被钉住不能走动的壁虎，另一只壁虎在这 10 年的岁月里一直在喂它。人是世界上最高级的动物。壁虎都能急难不弃爱，难道那些不珍惜爱的人、危难之时抛弃爱的人与之相比，不感到汗颜吗？

心 灵悄悄话

世界上最令人感动的是爱。而爱又是无价的，生命应该是一种分享，不单是分享快乐和幸福，还要分担痛苦。急难不弃爱，生活经历了风雨才能见彩虹。付出你的爱，让世界充满阳光。

用爱编织幸福家园

有再多的钱，换不来幸福！只有在有爱的国度，才会创造幸福，创造开心！

在美国洛杉矶，有一个醉汉躺在街头，警察把他扶起来，一看是当地一个富翁。当警察说送他回家时，富翁说："家？我没有家。"警察指着远处的别墅说："那是什么？""那是我的房子。"富翁说。

人们都会认为富翁的生活是幸福的，但有钱却并不一定能买到家庭的欢乐。如果只是住宅越来越大，爱却越来越少，生活照样没有滋味。没有爱就没有家，更没有幸福，只有用爱才能编织出幸福家园。

有一位大集团公司的总裁，年轻时出门打天下。一年，他来到一座陌生的城市推销。没想到，新产品卖不出去，旧账又要不来，半个月下来，身上连买车票的钱都不够了。但他血气方刚，不甘心这样狼狈而回。两天后，他已没有一分钱，饥饿难挨，便走向一家面馆，提出给他们当跑堂的，只要老板给面吃。老板拒绝了他，将他赶出面馆。就在他走投无路时，老板的女儿走出来，说服父亲，而且亲自为他做了一碗打卤面。

他感觉那是他一生中吃过的最好吃的东西，面条滑溜可口，卤汁有滋有味。后来，老板的女儿成了他的妻子。每次做面，她都能将几样最普通的东西做出最可口的味道。老板也尽为人夫的责任，每次出

差都不忘为妻子买一些小礼物，日子充满了恩爱。再后来，随着事业的发展，他当上了营销经理。后来他爱上了另一个美丽的女人。为了让他和妻子离婚，她不惜以死相逼。他无法在妻子和情人之间做出选择，便决心向妻子摊牌。他以为妻子会大叫大闹，用世界上最难听的语言痛骂他，他甚至觉得那样会令自己舒服一些。当他说出心中的想法时，她平静地对他说："我现在不适合你了，没文化，也帮不了你。她比我好，我祝福你以后的生活幸福。"她说完便到厨房，开始做最后一次打卤面。他的心里很难受，心想以后再也吃不到这样的面了。

打卤面很快就端到了他的面前。他拿起筷子，令他惊诧的是，这碗打卤面做得很不好吃，面条煮过火了，卤汤里一点味道也没有，甚至卤汁里还忘了放鸡蛋。他抬起头看她，发现妻子的眼圈红红的，他恍然大悟。原来她刚才的镇定是装出来的。为了让他不带负罪感而去，她故作平静，强迫自己将悲伤藏到心底。其实，她是非常爱他的。在这种情况下，她心乱如麻，怎么可能做好面呢？

他端起面条，几下将它吃完，然后走到妻子面前，对她说："现在虽然每天能吃上西餐和大餐，但这碗面条对我来说，比那些都好吃。我已准备吃上一辈子！"

妻子扑在他的怀里哭了。真没想到，一碗做砸了的打卤面竟然挽救了一桩即将破碎的婚姻。可见，爱的力量是何其的伟大！

心灵悄悄话

爱不是单纯的感激，它是心灵深处永远的惦念和关心。幸福的家园靠爱编织，没有爱的家庭是对心灵最大的摧残。有爱，家才充满温暖。在纷繁的世间，更需要拥有一颗爱的心灵，爱父母、爱子女、爱同甘共苦的伴侣。拥有了爱，不管是竹篱茅舍还是高屋华堂，都能编织出幸福家园。

第五篇 >>>

自我沉淀　积蓄能量

唐代诗人杜牧有一首《题乌江亭》："胜负兵家事不期，包羞忍辱是男儿。江东弟子多才俊，卷土重来未可知。"这首诗中，杜牧感慨项羽逞一时之英雄，惜一时之名，不能忍辱负重，而自刎乌江，结果失去了东山再起、卷土重来的机会。

有恒心的人，在遇到困难而无法前进的时候，会先进行示弱，在不断忍耐中自我沉淀，积蓄力量，以待之后奋力一搏。成大器者深谙此理，在受到他人的侮辱、受到生活艰难的苦痛之时，会将这一精神发挥得淋漓尽致。

积蓄力量　以便东山再起

有人曾经做过一份问卷调查，主题为"在计算机领域内你最佩服谁?"结果排在第一位的是比尔·盖茨，排在第二位的是中国人史玉柱。

研究史玉柱的过去你会发现，无论是最初的成功，还是后来轰然倒下，都与其敢于冒险、不怕失败的性格分不开。

1989年，浙江大学数学系高才生史玉柱独闯深圳。当时，他的行囊中只有东挪西借的4000元钱和自己耗费9个月研制的一套桌面排版印刷系统。几天后，他做出了一生中的第一个豪赌决定，他给《计算机世界》打电话，提出要为自己研制的软件登一个8400元的广告，条件是先登广告后付钱，他以软件版权作抵押。

13天后，他的银行账户里收到了三笔总共15820元的汇款。两个月后，他赚进了10万元。这是他在商海掘到的人生"第一桶金"。又过了短短几个月，他就变成了百万富翁。接着，他潜心研究出新一代汉卡产品，并把所有的资金投入广告和销售网络的铺设中。而三年后的1993年，他所创办的巨人公司的年销售额已经达3.6亿元，成为排在四通集团之后的第二大民营高科技企业。又过一年，巨人公司一次性就投放了1亿元的广告费进入保健品行业，从而迎来了第二个增长高峰，史玉柱个人也位列《福布斯》大陆富豪第8位，并获得市政府的特殊奖励，成为全中国知识青年的偶像。

然而，身处那个激情燃烧的岁月，难保做什么都顺的史玉柱不会

自我膨胀。1992年，史玉柱决定建造巨人大厦，当初的计划是盖38层，留以自用。但一位领导视察后兴致高昂地说："这个位置很好。为什么不盖高一点呢？"史玉柱便改变了主意，决定改为54层。但当时广州打算盖一座63层的全国第一高楼，史玉柱为了给珠海争口气，便决定改为64层。后来又因为64这个数字不吉利，最终决定建到70层。这样一来，投资金额由原来的2亿元一下飞涨到12亿元。而大厦动工的1994年，巨人集团的年销售额也不过10亿元。大量原本计划用于保健品业务的资金被转投到巨人大厦的建设上来。

1996年9月，大厦的地下工程终于完工，开始浮出地面。而这时，巨人集团的财务危机也爆发了。保健品业务一落千丈，第70层成为永远到达不了的梦想，尽管巨人大厦只需1000万元资金就能再动起来。而且，各地销售商欠巨人集团的钱有3亿元左右，其中1亿多元属于良性债权。可惜最终就差这1000万元资金，"巨人"不得不停止生长了。

在财务危机被曝光三个月后，史玉柱终于向媒体公开了一个"巨人重组计划"，内容包括两个部分，一是以8000万元的价格出让巨人大厦80%的股权，二是合作组建脑黄金、巨不肥等产品的营销公司，重新启动市场。可是谈了十多家，最终一无所获。史玉柱也从此淡出了公众的视野。

是什么导致巨人集团的突然崩盘呢？既有史玉柱本人的性格弱点，也有管理问题，以及当时政商环境的负面影响。原始的企业家精神让企业家善于抓住各种潜在的和现实的机会，但同时又很难避免更多机会的诱惑，加之无视市场规则和秩序，不按套路出牌，最终酿下苦果。

一个没有足够的企业家精神的人，这时或许会一蹶不振。但史玉柱是个不甘失败的人，他很快又通过保健品重新站了起来。2000年，一场铺天盖地的广告轰炸带动了一个新保健品"脑白金"的热销。而其幕后推动者正是史玉柱。史玉柱新公司的营收很快达到10亿元。

2001 年 1 月，史玉柱花 1 亿元巨资收购巨人大厦楼花还债。很多人将其作为一个企业家诚信的典范加以追捧；但也有人给他算了一笔账，这一举动为其带来的广告效应就已经超过 1 亿元。如果考虑到史玉柱的营销天才，这大概也算是一个合理的解释。

我们现在如何去评价史玉柱已经不再重要，关键是"史玉柱"三个字已经成为早期原始状态的中国企业家精神的一个符号。

心灵悄悄话

史玉柱的成败表明，创业过程中必须有一种不怕失败的冒险精神，成功了固然可喜；一旦遭遇失败，就要积蓄东山再起的力量，以备再战。

在隐忍中积蓄能量

时势多变，即使是豪情万丈的杰出人物也会有委曲求全、英雄气短之时，这个时候，如果没有足够的耐性，恐怕很难获得发展，所以古代能够有所作为的霸主，大都能够做到以屈求伸这一点。

唐代诗人杜牧有一首《题乌江亭》："胜负兵家事不期，包羞忍辱是男儿。江东弟子多才俊，卷土重来未可知。"这首诗中，杜牧感慨项羽逞一时之英雄，惜一时之名，不能忍辱负重，而自刎乌江，结果失去了东山再起、卷土重来的机会。

"汉初三杰"之一的韩信在早年还是一名布衣百姓时，衣食常常没有着落，穷困潦倒，常为人讥笑。

一天，当韩信在街上走时，迎面过来一个屠家的少年无赖，他素以欺负韩信为乐趣。韩信见了他，急忙转身而走，不愿与之正面冲突。

这时，那个无赖也发现了韩信，见他要走，便一把抓住韩信的衣领："你这个胆小鬼，见了我想跑，想往哪儿跑？"

那无赖一眼又看见韩信腰上的佩剑："哦，你小子还带剑，你配带剑吗？"说着就要动手解韩信的剑。韩信往后一跳，挣脱了无赖的纠缠，想照旧走自己的路。

不料，那无赖一把将韩信抓住："我说，你虽说人高马大，却是一个草包。咦，生气了吗？你的嘴角抖什么？如果你是条汉子，就拔剑来刺我，咱们比划比划。如果你没有勇气，贪生怕死，就从我的裤裆下面钻过去。"

韩信听了，血一下涌上了头，他盯着那张无赖至极的脸想了很久，很想拔剑出来与他决斗，凭自己的武功，是不怕他的。但韩信的心里又在琢磨，这个家伙虽不怀好意，但与之决斗却无太大意义，更不值得为了他而惹上一身官司。唉，也罢，我就是从他胯下爬过去，他就能比我高明了吗？

想到此，韩信慢慢俯下身，趴在地上，从那无赖的胯下爬了过去。这时，街上围观的人都哈哈大笑起来。

韩信不逞一时之勇，而是忍辱负重，不把自己的生命浪费于无足轻重的决斗上，虽然蒙受了巨大的耻辱，但仍能自强自新，终于在秦末农民大起义中大显身手。他先是投靠项羽，后来又投刘邦，被刘邦封为大将，领兵百万，指挥若定，所向披靡，战无不胜，攻无不克，为西汉政权四百余年的基业立下了汗马功劳，终于成就大业，名垂千古。

事实上，隐藏自己的才华，是一个人胸怀博大的具体表现，这样的人更容易与他人打交道，办事也会更容易成功。

历史上另一位忍辱负重出名的人当属曾国藩了。

曾国藩是"清末三杰"之一，他是一个非常善于韬光养晦的人。湘军是曾国藩一手建立起来的地方武装，它与清政府的其他军队完全不同，清政府的八旗兵和绿营兵皆由政府编练。遇到战事，清廷便调遣将领统兵出征，事毕军权缴回。湘军则不然，其士兵皆由各哨官亲自选募，哨官则由营官亲自选募，而营官都是曾国藩的亲朋好友、同学、同乡、门生等。由此可见，这支湘军实际上是"兵为将有"，从士兵到营官所有的人都绝对服从于曾国藩一人。这样一支具有浓烈的封建个人隶属关系的军队，除了曾国藩之外，包括清政府在内的任何别的机构或个人要调遣它是相当困难的，甚至是不可能的！

自爱

　　为了尽快将太平天国的起义镇压下去，在清朝正规军无能为力的情况下，清廷于 1861 年 11 月任命曾国藩统帅江苏、安徽、江西、浙江四省的军务，这四个省的巡抚（相当于省长）、提督（相当于省军区司令）以下的文武官员，皆归曾国藩节制。自从清朝建立以来，汉族人获得的官僚权力，最多不过是辖制两三个省，因此曾国藩可以说是有清以来汉族官僚获得权力最大的人。对此，曾国藩并没有洋洋自得，也不敢过于高兴。他头脑非常清醒，时时怀着戒惧之心，居安思危，审时韬晦。

　　后来，太平天国起义被镇压下去之后，曾国藩因为作战有功，被封为毅勇侯，世袭罔替。这对曾国藩来说，真可谓功成名就。但是，城府深厚的曾国藩此时并未感到春风得意、飘飘然。相反，他却感到十分惶恐，行事更加谨慎。他在这个时候想得更多的不是如何欣赏自己的成绩和名利，而是担心功高招忌，恐遭狡兔死、走狗烹的厄运。

　　曾国藩吸取了中国历史上许多身居高位的重臣因为不懂得功成身退而身败名裂的教训，他写信给其弟曾国荃，嘱劝其将来遇有机缘，应尽快抽身引退，方可"善始善终，免蹈大庆"。曾国藩叫他弟弟认真回忆一下湘军攻陷天京后是如何渡过一次次政治危机的。当初，湘军进了天京城后，大肆洗劫，城内金银财宝其弟曾国荃抢得最多。左宗棠等人据此曾上奏弹劾曾国藩兄弟吞没财宝之罪，清廷本想追查，但曾国藩很知趣，进城后怕功高震主，树大招风，急办了三件事：一是盖贡院，当年就举行分试，提拔江南人士；二是建造南京旗兵营房，请北京的闲散旗兵南来驻防，并发给全饷；三是裁撤湘军四万人，以示自己并不是在谋取权势。这三件事一办，立即缓和了多方面矛盾，原来准备弹劾他的人都不上奏弹劾了，清廷也只好不再追究。他又上折给清廷，说湘军成立和打仗的时间很长了，难免沾染上旧军队的恶习，已无昔日之生气，奏请将自己一手编练的湘军裁汰遣散。曾国藩以此来向皇帝和朝廷表示：我曾某人无意拥兵自重，不是个谋私利的野心家，而只是一位忠于清廷的卫士。

曾国藩的考虑是很周到的，他在奏折中虽然请求遣散湘军，但对自己个人的去留问题却只字不提。因为他知道，如果自己在奏折中说要求留在朝廷效力，必将有贪权恋栈之疑；如果在奏折中明确请求解职而回归故里，也不免会招致多方面的猜疑，既有可能给清廷以自己不愿继续为朝廷效力尽忠的印象，同时也有可能被许多湘军将领奉为领袖而招致清廷猜忌。

其实，太平天国被镇压下去之后，清廷就准备着手解决曾国藩与湘军的问题。因为他拥有朝廷不能调动的那么强大的一支军队，对清廷是一个潜在危险，清廷的大臣们是不会坐视不理的。如果完全按照清廷的办法去解决，不仅湘军保不住，曾国藩的地位肯定也保不住。正在朝廷琢磨如何解决这个问题时，曾国藩的主动请求正中统治者们的下怀，于是清廷便顺理成章地下令遣散了大部分湘军。由于这个问题是曾国藩主动提出来的，因此在对待曾国藩个人的去留问题时，清廷决定仍然委任他为清政府的两江总督之职。这其实也正是曾国藩自己要达到的目的。

大凡伟大的成功者都有过一段隐忍积蓄的时期，因为一味地进取和前行往往会遇到从未有过的困难和障碍，而急躁和冒进对于改善这样的状态毫无用处。因此暂时地隐忍一段时期，在耐心的等待和反省中思考自己的人生，对日后积累能量是十分有必要的。但还要记住，隐忍是为了奋起，耐心是为了突破。

心灵悄悄话

商场如战场，有成功就必然有失败，忍一时之败，是为了日后能获得成功。忍耐中保存自己力量，慢慢地蓄积，不仅不会消磨自己的元气，只要一旦时机成熟，羽翼丰满，便会乘其不备，猛然一击。

适时服输厚积薄发

忍，绝不是消极退缩，忍，正是涵养性情、磨炼志气、坚定决心的不二法门。发怒是最容易的事，而忍气吞声也并不难。动辄发火的人是逃避现实的懦夫，忍者才能冷静地面对现实，莽撞使人失败误事，忍耐才是无法攻破的城堡。

《寓圃杂记》里面记述了杨翥的两件事：杨翥的邻居丢了一只鸡，便骂是姓杨的偷去了。家人告诉杨翥，杨翥说：又不是我一家姓杨，随他骂去！又一邻居，每逢雨天，便将自家院子里的积水排放到杨翥院中。家人告知杨翥，他却劝解家人：总是晴天的日子多，落雨的日子少。久而久之，邻居们被杨翥的忍让所感动。有一年，一伙贼人密谋抢劫杨家，邻居们主动帮杨家守夜，使杨家免去了这场灾祸。

人生跑道上的长跑者，首先要有平和的心境，从而步伐才能均匀、持续有力，不然，必会导致中途力竭，前功尽弃。平和不是缓慢，而是均匀，不是松懈，而是稳健，不是无为，而是真正的有所作为的大前提。

20世纪50年代，许多商人知道于右任是著名的书法家，纷纷在自己的公司、店铺、饭店门口挂起了署名于右任题写的招牌，以招徕生意，其中确为于右任所题的极少。一天，于右任的一个学生匆匆地来见老师："老师，我今天中午去一家平时常去的羊肉泡馍馆吃饭，想不到他们居然也挂起了以您的名义题写的招牌！而且字写得歪歪斜斜，难看死了。"正在练习书法的于右任，放下毛笔然后缓缓地说："这可不行！"

于右任沉默了一会儿，顺手从书案旁拿过一张宣纸，拎起毛笔，龙飞凤舞地写了"羊肉泡馍馆"几个大字，落款处则是"于右任题"几个小字，并盖了一方私章。

于右任缓缓地说："这冒名顶替固然可恨，但毕竟说明他还是瞧得上我于某人的字，只是不知真假的人看见那假招牌还以为我于大胡子写的字真的那样差，狗屎不如，那我不是就亏了么？我不能砸了自己的招牌，坏了自己的名！所以，帮忙帮到底，还是麻烦你跑一趟，把那块假的给换下来。"转怒为喜的学生拿着于右任的题字匆匆去了。

与人相处，不时会遇到他人犯有小错，这也许会冒犯你的利益。如果不是大的原则问题，不妨一笑了之，显示大家风范。大度诙谐有时比横眉冷对更有助于问题的解决。对他人的小过不予追究，实际上也是一种忍让的态度，有的时候，这种忍让会使人没齿难忘。

海明威曾说："我可以被毁灭，但不可以被打败。"的确，这种傲视万物、不屈不挠的精神很值得我们学习。然而，在生命的航程里，沉沉浮浮在所难免，开心或不开心的事情很多，不管我们愿不愿意，总有人是我们喜欢的，也总有人是我们不喜欢的，心情有好的时候也有坏的时候。面对这汹涌的波涛，我们不一定是最好的舵手。那么，我们不妨给自己一次低头喘息的机会——适时服输。

人与人之间难免有磕磕碰碰的事，总免不了有许多的不如意，如果一味地钻牛角尖，或许受伤害最深的不是别人，而是你自己。这时候我们不妨对自己说："退一步，也许是另外一种风景。"我们是社会上的一员，而不是一个独立的个体，相信在拥有一份宽容之心的同时，也会拥有更多的生活快乐。如果我们一味地不肯相让或是一方过于执拗，使本可以化解的心结愈结愈深，使原本不是什么大事的问题

越谈越僵。如此往复，何时才能终结？倒不如，各自退一步皆大欢喜。

有的人鄙视服输者，他们的信念永远是那么的坚定，灵魂总是那么的孤傲自负，似乎手里捧着的只有所向披靡。多多少少，我们也会被这种执拗的倔强所感动。但是，胜败乃兵家常事，他们何以如此拒绝服输？正如对弈，技不如人既成事实，却不肯认输，这似乎与阿Q的精神胜利法很像。

人生不是电影，不会定格在某一个画面。日子在往前走，生活也要继续。你依旧在颠簸的旅途奋力前行，偶尔绊住了，也不是长卧不起，总还会爬起来的，不是吗？那么，这就不是输，只不过是暂时没有赢！

不要鄙视服输者，在关键之时，收回迈向悬崖的脚，适时服输，给生命一条出路，也给以后的重新出发留一次机会。毕竟，路还很长，大丈夫能屈能伸，何必逞匹夫之勇？况且，适时不是永远，服输不是放弃。在适当的时刻，能聪明地低头，方能积蓄力量、厚积薄发！

心灵悄悄话

适时服输是一种智慧，是一种战略，只有那些眼光长远的人才能走向成功，走向胜利。成功者懂得适时服输，将高贵的头颅低下，积蓄能量，且只有这样才能厚积薄发！

忍一时痛，方能出深渊

事业常常成于坚忍，而毁于急躁。而人生之路是漫长崎岖的，有太多的意外会悄然袭来，没有忍耐一切折磨的精神，就不能成就大的事业。

对成功人士来说，任何委屈都不足以让他心灰意冷，相反更加能鼓舞士气，激发起自己一定要做成大事的欲望。能否忍一时的委屈是你是否可以成就一番事业的关键。

疾驰的骏马往往落在后头，而缓步的骆驼却能继续向前。一个人偶尔心血来潮，干一些一时奋进的事情，这是很容易做到的。然而日复一日地持久奋斗，却不是一般人所能够做到。

一些可悲的人在做事的开始阶段热情高涨，干劲十足，但是过不了几天，遇到一些困难和挫折，就激情萎缩，干劲全无，最后一点音信都没有了。

有一则寓言故事是这么说的：

从前同一座山上有两块相同的石头，三年后发生了截然不同的变化，一块石头被雕成佛像，受到很多人的敬仰和膜拜，而另一块石头却被刻成台阶，受到别人的践踏。这块被践踏的石头极不平衡地说道：三年前，他们同为一座山上的石头，今天产生这么大的差距，他的心里特别痛苦。另一块石头回答说那是因为三年前被人践踏的石头害怕刀子割在身上的痛，告诉工匠只要把他简单雕刻一下就可以了。而受人膜拜的石头那时憧憬着未来的模样，不在乎割在身上的痛，所

以产生了今天的不同。

善于忍耐、积极积蓄力量和资本的人，更容易取得飞跃式的进步。所以忍受折磨是我们人生过程中任何一个人都要经受的最困难的一件事，等待比做事要难得多。顽强忍耐的人，跌倒了再爬起来，这样力量也在一次次的跌倒和爬起中不断增长。

日本矿山大王古河市兵卫年轻时曾当过收款员。有一天晚上，古河到客户那儿催讨钱款，对方毫不理睬，一点儿都不把古河放在眼里。没有办法的古河忍饥挨饿，一直等候到天亮。

第二天早晨，古河并没有显出一点愤怒，脸上仍然堆满笑容。对方立即态度大变，他被古河的耐性所感动，恭恭敬敬地把钱付给他。老板大加欣赏他的这种认真随和又富有耐性的工作精神。之后，他工作表现优异，几年后就被提升为经理。而古河说自己的秘诀就在于忍耐二字。

如果你能够不管情形如何，总坚持你的意志，总能忍耐，那你已经具备"成功"的要素了。每个人都相信那些百折不挠、能坚持、能忍耐的人。能忍得旁人所难以忍受的东西，才能使自己不断地积蓄力量，增强忍耐力和判断力，这样才能为将来事业的成功积累资本。

"其实人什么苦都能吃，什么环境都能适应，但关键是头几天，只要咬着牙挺过去，过了这一关，以后就没什么事了。许多人不明白这个道理，碰到一点儿困难就退缩了，其实再坚持一下，坦途就在眼前。正所谓，能忍一时苦，换来一世甜；难忍一时苦，终生苦中苦。"这是职业演讲家周士渊曾说过的。

我们的人生就像大海里的船舶，只要不停止航行，就会遭遇风险，没有风平浪静的海洋，也没有不受伤的船。如果因为遭遇了折磨而怨天尤人，因为遭遇了挫折而自暴自弃，因为面临逆境而放弃了追求，因为受了伤害就一蹶不振，那你就大错特错了。命运常常是一种折磨，要想把握自己的命运，就得学会忍耐。只要你把握好了忍耐这个度，总有一天，忍耐会作为一颗夺目的钻石镶嵌到成功的金牌上，从此熠熠生辉。

心灵悄悄话

忍耐是一种理智，是一种涵养，更是一种美德。忍耐的人暂时容忍，最后必然会得到公平的待遇。韧性也就是意志的忍耐力，是把痛苦的感觉或某种情绪长时间地抑制住，不使其表现出来的能力。

第五篇　自我沉淀积蓄能量

一点一滴地去积累成功

太过浮躁的人往往希望在最短的时间内达到自己的目的。有些事，必须靠一点点地积累才可以完成。所以，我们在处理问题时，必须分情况而定，不能达成的事情，一定要有耐心、有恒心，慢慢积累。

从龟兔赛跑的寓言中我们知道，竞赛的胜利者之所以是笨拙的乌龟而不是灵巧机敏的兔子，是因为乌龟有坚持不懈的精神，它知道自己的实力不如兔子，就不敢有丝毫的懈怠。而那只自以为跑得快的兔子，认为自己有先天的优势，所以，放松了警惕，结果却是败得一塌糊涂。这就是说，在我们生活的世界里，任何梦想都要有一定的恒心才能够实现。

英国著名作家杰克·伦敦的成功就是建立在坚持之上的。就像他笔下的人物马丁·伊登一样，坚持、坚持、再坚持，他抓住自己的一切时间，坚持把好的字句抄在纸片上，有的插在镜子缝里，有的别在晒衣绳上，有的放在衣袋里，以便随时记诵。就在这样不断地积累下他成功了。他的作品被翻译成多国文字；在我们的书店中，他的作品被放在显眼的位置，赫然在目。当然，他所付出的代价也比其他人多好几倍，甚至几十倍。

所以，有时候我们的成功与否不取决于自己的聪明，而在于坚持，在于恒心，在于积累。

在我们的现实生活中，每个人90%的时间都有可能是在混日子。大多数人的生活是在做一些无关紧要的事，重复着没有意义的生活琐事，却很少能够完成自己想要完成的目标，直到自己老了的那一天才会发现自己一点有意义的事都没有做，才会感到后悔。

在一所教堂里做牧师的著名博士哈特·格伦斯曾经问起一位年轻人是否了解南非树蛙，年轻人坦白地说："不知道。"

博士诚恳地说："如果你想知道，那你可以每天花五分钟的时间阅读相关资料，这样五年之内你就可以成为最懂南非树蛙的人，你会成为这一领域中最具权威的人。"

那位年轻人当时不置可否，但他后来常常想起博士的这些话，觉得这些话真的很有道理，于是就按照这样的方式去做自己想做的事，结果是几年之后，他真的有所成就。

我们如果也能做到每天坚持做一点点，那么我们也会有所成就。即使是仅有的五分钟时间被有效地利用起来，我们也会发现自己可以取得很大的成就。

蒲松龄为写《聊斋志异》，在自家的路旁设茶烟馆，"见行者过，必强与语，搜奇说异，随人所知"。他就是以这种闲聊的方式积累到了广泛的素材，写成了一部伟大的著作。

苏步青说："近几年来，我在国内连续出版了几本专著，其中有《射影共轭网概论》《微分几何五讲》（中英文版）、《仿射微分几何》（中英文版，英文版自序），还和刘鼎元副教授合著《计算几何》……最近又编写了《等周问题》《拓扑学初步》等教材，为中学教师举办讲座。我已经年逾八旬，还有一些社会工作，哪有时间搞科研、著书立说呢？我的办法是见缝插针。我常常利用零碎的时间，积沙成塔，积少成多。"

列宁为了研究资本主义社会的发展规律，浏览了数以百计的书

籍，其中重点对 148 本书和 49 种刊物上的 232 篇文章进行了阅读，做了笔记摘录和批注，写了 60 多万字的札记。并在此基础上进行分析、批判、吸收，完成了著名的《帝国主义是资本主义的最高阶段》的写作。

俄国著名作家果戈理的一个习惯就是身边常备一个本子，随时记下在社会上观察、体验到的事情。在这些记录里，包罗万象，无所不有。正是因为这些记录才使得果戈理的写作得心应手，游刃有余。

小王毕业到了一家公司，老总想让他做销售经理。当小王听到这个消息时，他找到老总说，他一点经验都没有，（说自己没有经验，）恐怕难以胜任。老总说没关系，他可以教他如何在最短的时间内胜任这个职位。

老总说完之后，小王又不理解地问老总为什么会让自己来做这个位子？这时老总对小王说，做任何事都需要一种长期坚持的精神，每天进步一点点就可以获得意想不到的收获，而他在选择这个位子上的合适人选时，他看到的就是小王的这种坚持不懈的精神。原来，公司招聘时，老总在一个偶然的机会看到小王的简历上写着自己最大的优点就是对自己的目标有一种执着的精神。这个优点就正好是老总看中的。所以，老总就让下属调查小王的背景和日常的生活习惯。

当老总得知小王不是一个很富有的人，但是，能够坚持每个月都要往自己的银行账户里充 100 元钱作为日后的创业基金时，老总觉得自己要选的就是这样的一个人，于是，他把小王招到了自己的公司。在一段时间内老总还发现小王每天都要在下班之后去锻炼身体，而且风雨不误，这就更增加了老总对他的好感。所以，老总决定给这个年轻人一个锻炼的机会。

事实上，老总在做出这个决定的时候遭到了很多人的反对，但在老总看来，没有经验可以学，但不能坚持到底的人绝对不会在公司最需要的时候和公司站在一起。

当然，老总的这一决定证明了老总的眼光。销售部在小王的带领下工作做得很有起色，到年终时，公司的销售额竟然超出了去年的30％。这让公司里的所有同事和领导赞叹不已。

其实，生活中的许多事说难也不难，关键就是看你能不能坚持每天一点一滴地去积累，去坚持。有的人就是缺少这种持之以恒的决心，明明知道应该做什么，应该怎么做，却没有坚持下去。

坚持不懈，这就是成功的原因。如果你这样做了，那么有一天你就会惊奇地发现，在不知不觉中，你已经在生活中超出了别人一大截，具备了优秀的品质和足以胜任一件大事的能力。只要在自己选择的道路上每天进步一点点，你就在这一点点的进步中向成功靠近。

心灵悄悄话

积沙成丘、集腋成裘的道理每个人都懂，但是很少有人能把这些道理化为行动，而成功的人就在于他们把这些道理在生活中成功地加以运用。

第五篇　自我沉淀积蓄能量

一步一步地向目标进发

没有谁可以一口吃成胖子，也没有谁可以一步成就自己的辉煌。所有成功的质变都必须要有量变的积累。可是，并不是所有的量变都可能成为质变的有力保征。

我们一定要让自己的努力达到量变的标准才能实现最后的质变的功效。也就是说，我们对自己的每一步努力都应该做好规划才能够实现自己的最终目标。

在 1984 年的东京国际马拉松邀请赛上，一位名不见经传的日本人出人意料地夺得了冠军。当记者问他凭什么取胜时，他说是凭智慧，当时许多人认为这纯属偶然。

可是，两年后在意大利的国际马拉松邀请赛上，他再一次夺冠。记者再次请他谈经验时，他还是那句话：用智慧战胜对手。

10 年后，他在自传中说："每次比赛前，我都要乘车把比赛的线路仔细看一遍，并画下沿途比较醒目的标志，比如第一个标志是银行，第二个标志是红房子……这样一直画到赛程终点。比赛开始后，我以百米的速度奋力向第一个目标冲去，等到达第一个目标后，我又以同样的速度向第二个目标冲去。40 多公里的赛程，就被我分成这么 8 个小目标轻松完成了。最初，我并不懂这样的道理。我把目标定在 40 公里外的终点线上，结果我跑到十几公里就疲惫不堪了，我被前面那段遥远的路程给吓倒了。"

我们做事之所以经常会半途而废，并不是因为困难太大，而是因为心理作用的结果。许多时候我们认为自己离成功还很远，看到自己离山顶还有很远一段距离时，我们就有了畏惧心理，正是这种心理上的因素导致了我们的放弃。

事实上，当我们把长期目标分解成若干个小目标并逐一跨越时，我们就会感觉轻松许多，并且当目标具体化并清晰可见时，我们也知道自己该做什么，怎样能做得更好，这就很有利于我们的成功。

比尔·盖茨做图书馆管理员助理的时候，面对散乱多年而无人能够整理的图书时，他没有抱怨和退缩，他一本一本地整理四下散落的图书，并把它们登记造册，放回正确书架。在他的努力下，数万本图书就这样一点一点地被码放好。正是因为比尔·盖茨具备了这种精神，才成就了他今天的成功。

当然，所有的目标都是摆在我们面前的一种诱惑，目标越大，诱惑也会越大。但是，我们要把这种诱惑变成现实，必须讲究方式、方法，不能盲目，更不能急躁。我们只有一步步地积累，才会得到满意的结果。

很多年前，有一支国际性的探险队要攀登梅特隆山北麓，这是前所未有的壮举。记者们前去采访这些来自世界各地的探险队员。

一位记者问这群队员中的一个说："请问你对自己的举动有什么想法呢？"那人回答说："我会为它付出一切。"另一位记者也以同样的问题问第二位队员，这位登山队员回答说："我会尽最大的努力。"第三个登山队员也被问到，他的回答是："我很高兴，而且会好好努力。"最后，有位记者问一位年轻的美国人，这位美国人朝他看了一下，然后说："我想我能成功攀登梅特隆山的北麓。"

结果，最后只有一个人登上了顶峰，他就是那位年轻的美国人，

第五篇　自我沉淀积蓄能量

131

因为只有他的心中有一个具体的目标，他是一直瞄准目标在前进的。

所以说，我们现在所做的必须是向未来的目标迈进的一部分。因而重视现在、把握现在才是最主要的。将自己现在的事情做到最好，才能够为将来目标的实现打好基础。

心灵悄悄话

人生是一步步走出来的，成功是一点一点积累起来的。不要总是看着那个目标做梦，也不要不择路径地向那个目标进发，选对了前进的方向之后，冷静地走自己的路，慢慢地向目标迈进，我们才可能登上成功的巅峰。

做足准备，方能主动出击

凡事预于先，谋于前，做足准备，往往能占据主动，确保事情的成功。否则，事发突然，或计划赶不上变化，往往让人手忙脚乱、穷于应付，甚至连可以避免的失误都避免不了，处处陷于被动之中。

A 和 B 两人同时从一所酒店管理学校毕业，并一起进入同一家酒店工作，可是三年之后，两个人的差别却非常大，A 已经是酒店的副总经理了，而 B 却还是一个一线的普通员工。

在一次同学聚会上，B 对 A 说："我就搞不懂，为什么我们站在同一条起跑线上，而三年的时间，却让我们之间产生了如此大的差异呢？难道你有什么绝招吗？" B 向 A 请教他的成功之道。A 说："其实也不是什么绝招，只是从进入酒店的第一天起，我就为自己规划好了成长计划：三个月后要做到优秀员工，半年之后做领班，一年后做主管，两年之后做经理，三年之后做副总经理，五年之后要做总经理。制订好计划之后，在工作中我就以此来鞭策自己，比如我计划好半年之后要做领班，那么在成为领班之前，我就在思想、行为、日常工作等方面都以领班的工作标准严格要求自己，虽然我现在还不是领班，但是只要我各方面的素质都达到了领班的标准，都按领班的要求做到了，我相信不久的将来，我就一定会成为领班。那么实现了第一个计划之后，再以同样的方法实现第二个、第三个计划，当我成为领班之后，我就以主管的标准要求我自己，不久我就当上了主管；当我是主管的时候我就以经理的工作标准要求自己，后来就当上了经理。一直

到现在，虽然我已经做到了酒店的副总经理，但是我还是没有实现自己的目标，我还会朝着目标继续努力的，凡事预则立，不预则废啊！"

"凡事预则立，不预则废"，真是一语道破天机。事先有了准备和计划，就有了奋斗的目标和方向，并时刻以此鞭策自己的行为，这就是 A 之所以成功的绝招啊，这个方法是不是值得我们每一个人学习和借鉴呢？我们经常说的一句谚语：磨刀不误砍柴工！它所说明的其实也是"凡事预则立，不预则废"的道理，有计划地准备，厚积薄发才能做到事半功倍，出色地完成工作任务。有一句老话："只可备而不用，不可用而不备"。这话说得是很有道理的。

小杨和几个朋友聚餐，每个人都大发牢骚，感叹生活中的不顺利，不是抱怨自己的机遇太差就是抱怨机会太少。

这时，有位学长对他们说了一个自己的故事：

"我刚毕业那年，很快就找到了工作，但是没过多久，便开始对工作产生倦怠。

"当时，心情不好的我，为了疏解自己的郁闷和压力，常常会带着鱼竿到湖边钓鱼。但是一次又一次，换了好几个地方，我都没有钓到几条鱼。于是，我的鱼篓子越换越小，最后我就只拎着一把钓竿和鱼饵就出门了。

"有一天，钓鱼技术不如我的同事老王，约我一同去钓鱼。老王拿了一个大鱼篓。当他看见我两手空空，便塞给我一个小鱼篓。

"我摇了摇手，对老王说道：'不用啦，我每次都钓不到两条鱼，用线串起来拿就行了。'

"但是没想到，这天却出乎意料，我们竟然遇上了丰富的鱼群，鱼饵几乎都来不及装，那些大鱼小鱼可说是一条接着一条地被甩上岸。

"我的鱼饵很快就用光了，幸亏老王带了许多鱼饵来。

"我看着老王装得满满的大鱼篓，自己只能用柳条绑住几条，不得不放弃仍在地上活蹦乱跳的鱼儿，为此懊恼不已。"

当大家听完学长的故事时，什么感想也没有，反而扯开话题，嘲笑学长都35岁了，还想考研究生，未免太晚了。

几年之后大家再次聚会，有人苦撑着小生意，有人勉强自己在不喜欢的工作环境中苦闷度日。至于学长，知道讯息的朋友说，他拿到了博士学位，现在成为许多公司重金聘用的对象。

当大家羡慕之际，杨志这才想起学长说的那个"鱼篓子"故事，原来是有特别涵义的啊！

这个故事的涵义就是：我们做事情千万不要用而不备，只能是备而不用。机会永远只留给有准备的人。所以当机遇还没有出现的时候，我们不能懈怠。谁能保证命运的光环哪一天不会降临到我们的头上呢？

我们是不是经常会遇到这种情况呢？在考场上，明明很熟悉的考题，就是答不上来。或者是看到天阴了却抱有侥幸而不带雨伞，结果被大雨浇在半路。还有那个耳熟能详的道理：书到用时方恨少。这些都说明了平时有准备，关键时候才会没有忧患的道理。

心灵悄悄话

凡事只有预先做好了安排，有了准备，有了计划，才能把事情办好，明确了奋斗目标，有了具体的工作、活动程序，也就有了监督检查的依据，这样可以增强自觉性，减少盲目性，从而也就可以合理地安排人力、物力、财力、时间，使工作、活动有条不紊地进行。

机会只留给有准备的人

生活中充满了挑战和机遇。一个人能否战胜困难、抓住机遇，关键就在于是否做好了迎接挑战的准备。

一个人若是没有积累足够的力量，那他一旦遭受挫折就很难东山再起。很多年轻人都是因为没有力量的积蓄，没有相当的指挥谋略和必备的社会经历，从而在成长的道路上屡遭挫折。一些人之所以平庸、无所作为，就是因为自己对人生的准备不够充分，对自己的投资过于吝啬，就像没有经验的农夫种庄稼一样，只播了种子而不浇水施肥，那么他期望的丰收还从何谈起？我们的力量积累得愈是充足，就愈能应对突然之变。

一般来说，任何人都不愿意去面对失败。当一个电脑技术员发现自己辛辛苦苦装了一个完整的程序时，但是被操作人发现是一个不完善的程序，他肯定心里是不舒服的。

当一个业务人员竭尽自己的能力去跑市场但是还没有找到一个客户时，他肯定是心灰意冷的。当一个经营者花了很多精力，但就是由于其中的一个环节出了差错而导致项目落空时，他肯定是心情糟糕透了。

也许这些都是很小的细节，他们会为自己的失败找个开脱的理由，但是，事实却告诉我们，藏在这些失败背后的却是：自身的准备不足所造成的。

在吸引了几乎全世界的人们眼球的拳坛世纪大战中，当时正骄傲

于自身有很多优点的泰森根本没有把已经四十多岁的霍利菲尔德放在自己的眼中，自负地认为不费一点力气就可以打败自己的对手。同时，几乎所有的重大的媒体都认为最终的胜利者属于泰森无疑。美国的博彩率也都把所有的赌注压在了泰森的身上。

在人们都欢呼泰森是拳王的情况下，认为已经是稳居胜局的泰森对比赛前的准备工作——观看对手的全部录像，预测可能出现的情况及怎样去应对将要面临的问题，充足的睡眠和一系列的科学饮食等都是敷衍了事。

于是，在比赛开始后，泰森发现自己竟然找不到对手的一丝破绽，而对方却好像十分清楚自己一样，针对性地突击自己所存在的缺点。于是，恼羞成怒的泰森做了一个令全世界都感到十分震惊的举动：居然公然地在赛场上咬了对方的半只耳朵！

拳坛世纪大战的最后结局可想而知了：泰森成了一个令人厌恶的输家，还被当时的体育委员会处罚了 60 万美元。

泰森就是过于自满自足，把自己的优点摆在了最高位，而忽视了自己的不足。泰森输在准备不足。当对手在认真研究比赛的录像，分析他的技术特点和漏洞时，泰森却将自己教练准备的资料放在一边；当对手在比赛前，拼命地做热身准备，提前进入搏击的状态时，他却在和朋友狂欢说笑。虽然泰森自身的实力远远高出对手几倍，而且从年龄上也是占尽了优势，但是他最后却是一败涂地。

通过这个故事，我们知道了，在自己将要面临挑战时，自己存在的往往是准备上的不足，准备的缺陷造成了自己以后的失败。只要我们准备充分了，什么挑战和困难，在我们面前，都是轻而易举的事情。

成功往往青睐于时刻准备着的人们。学会准备吧，未来的挑战，是需要充分的准备的，只有准备好了，自己才能走向成功。如果说成功确实有什么偶然性的话，那么偶然也是赋予那些有准备的人的。

自 爱

　　曾经有一个很普通的美国人就是这样做到的。美国人巴特，他想用 80 美元来周游世界，别人都认为他是在开一个国际玩笑，还嘲笑他是痴心妄想。对此，他不但没有生气，还为了自己的计划，找出一张纸，写下了只用仅有的 80 美元旅行所做的准备。他写的计划是：

　　（1）设法领取到一份可以上船当一名海员的文件，因为海员坐船是免费的；

　　（2）去警察局申领一张美国公民无犯罪的证明；

　　（3）考取一个国际驾驶执照，找来一套完整的地图；

　　（4）与一家大的公司签订合同，为之提供所经国家的土壤的样品材料；

　　（5）同一家胶卷公司签订协议，可以在这家公司的任何一个分公司免费领取胶卷，但是前提是要为公司拍摄照片以用来做宣传……

　　当巴特完成了自己的准备工作之后，他就在口袋里装好仅有的 80 美元，兴致勃勃地开始了自己的旅行。结果，他真的实现了自己的梦想。

　　他起初在加拿大的一个小镇用早餐，他不付分文，条件是为这家餐馆拍照并承诺在自己以后的旅行中进行宣传。然后，在爱尔兰，他花了 5 美元买了 3 箱香烟，从巴黎到维也纳，费用是送司机一箱香烟。

　　到了维也纳后，他又想去瑞士，就这样，他搭乘的货车司机在中途得了急病需要送医院，他本身拥有了国际驾驶执照，就先将司机送到了医院，再将货物安全送到了目的地。货运公司因为很着急需要这批货物，非常感激他，专门派车将他送到了他希望去的瑞士。当然这也是免费的。

　　接着，他就去了西班牙。在西班牙的一家新开张的公司门口，由于他们用来拍摄庆祝婚礼画面的照相机出了临时的故障，巴特就免费为他们拍摄了一组照片。他们送给了巴特一张去往意大利的飞机票。

而当他在泰国时，由于提供了一份美国人最近的旅游习惯的资料，使他在一家高档的宾馆免费享受了一顿丰盛的晚餐……

机会都是赋予敢于去准备的人们的。对于早有准备的巴特来说，遍地都是给自己的机会。一个成功的挑战，就看自己如何去把握了。

心灵悄悄话

人在一生中都会遇到这样或那样的好机会。我们是否能抓住它，并借此平步青云，全看我们是否做好了足够的准备，并具备了充足的力量。

第五篇　自我沉淀积蓄能量

积累小事，才能做大事

"勿以恶小而为之，勿以善小而不为。"在认真做好每一件小事的过程中，会提升你的工作能力，调整你的工作态度，继而获得领导和同事的认同和肯定；你良好的个人形象也会在潜移默化中形成。

智者善于以小见大，从平淡无奇的琐事中参悟出深邃的哲理。他们不会将处理琐碎的小事当作是一种负担，而是当作一种经验的积累过程，当作成就宏图伟业的前奏。

有一个孩子，因为家境贫寒而无力承担学费，被迫辍学，背井离乡出去打工。在打工之时他总是留心老板经营米店的窍门，学做生意，通过努力，最后他开了一家米店。

由于当时技术比较落后，出售的大米里经常混杂着沙粒、小石子……这在当时并不是什么奇怪的事情，买卖双方都是见怪不怪。但是这个孩子却没有忽视这个看似不起眼的问题，每次在卖米的时候他都把米里的杂物拣干净，他的这一举动不仅反映出他的细心周到，而且深受顾客的信任和欢迎。

然而，即使这样，他也没有满足，而是更用心地盘算着顾客的消耗量，设定标准，把握时间，制定比例。估计其顾客差不多缺米了，就主动将米送到顾客家中。这种周到的细致服务受到了大家的肯定。他不仅方便了顾客，而且使自己的米店在当地留下了美名。日销量从开业之初的 12 斗发展到后来的 100 多斗。就这样，他坚持一日复一日的细致服务，最终走向了成功。他就是后来举世闻名的"台塑大

王"王永庆。

除尽米粒里的沙粒，用心盘算顾客的消耗量，把握时间，制定比例，这些看似小事，微不足道，但是当王永庆坚持做好这些小事时，他就走向了成功，最后成了"台塑大王"。可见，成就大事者，绝对不会忽略小事，而是努力从小事做起，尽力做好每件小事。

成就大事，从某种意义上来说，是一种习惯。只有做好每一件小事，最终才能成就大事；唯有培养好日常良好的习惯，最后才可成为一个成功的人。所以，无论是做事还是做人，如果希望避免失败，获得成功，就得从小处着手，把小事做好，才有机会做大事。

在此，我们应该时刻警醒自己：如果希望成功，千万不能急功近利，而要历练自己的心境，沉淀自己的情绪，学会从零做起，从小事做起。只有这样，才能让自己成为一个能担大任的人；只有这样，才能获得令自己满意的人生。

小鹏毕业于知名大学，以优异成绩考入一家省级机关。他胸中豪情万丈，一心只想鹏程万里。出乎意料的是，上班后每日做些琐碎事务，既不需太多智能，也看不出什么成果，于是渐渐心冷了下来。一次单位开会，整个部门的同事彻夜准备文件，分配给他的工作是装订和封套。

处长再三叮嘱："一定要把准备工作做好，不要到时弄得措手不及。"

他听了更是露出不屑的眼神，心想：就这么一点小事，初中生也会做，还用得着这样嘱咐，因此根本没有放在心上。

同事们忙忙碌碌，他却懒懒散散，在一旁喝茶、看报纸。文件终于交到他手里，他开始一件件装订，没想到只订了十几份，订书机的订书钉就用完了。他漫不经心地打开订书钉的纸盒，发现里面是空的，这时他感到有点慌了。于是，他请求大家帮忙找订书钉，不知怎

的，平时满眼皆是的小东西，现在竟连一个都找不到。

那时已是深夜11：30了，文件必须在次日8点会议召开之前发到代表手中。处长看到他惊慌失措的样子，非常生气："不是叫你做好准备的吗？连这点小事也做不好，大学生有什么用啊。"

他低头无言以对，脸上却像被重重地打了一个耳光一样。几经周折，他在凌晨4点找到一家通宵服务的商务中心，终于在开会之前，微笑着把整齐漂亮的文件发到代表手中。

从此以后，他改变了对工作的态度，凡事都尽职尽责，再不抱怨。如今，他已是一家公司的老总。

小鹏告诉朋友，那句话使他受用一生，让他深刻地领悟到：用十分的准备迎接三分的工作并非浪费，而以三分的态度来面对十分的工作，将会造成无法挽回的后果。因为小事往往决定着大事的发展，不做好小事难以成大事。

在通往成功的道路上，真正的障碍，有时只是一点点疏忽与轻视，比如，那一盒小小的订书钉。在今天这个社会，几乎所有的年轻人在刚走上工作岗位的时候都壮志满怀，激情洋溢，但是成功往往都是从点滴开始的。如果不遵守"从小事做起"的原则，必将难成大事。

心灵悄悄话

不要轻视你身边的任何一件小事，即便是再简单不过的工作，也要把它做到完美至极，别让小事成为你成功的障碍。

第六篇 >>>

困难面前决不退缩

达·芬奇说过：挫折可以把人置于死地，也可以使人置之死地而后生。可以说，在人生的道路上，没有哪个人的旅途是一帆风顺的。困难时时存在，挫折也不可避免。其实挫折并不可怕，可怕的是你没有勇气去战胜它！成功者和失败者之间非常重要的一个区别就是：面对挫折的不同态度。失败者会失败，并不是没有成功的机会，而是因为他把成功路上必然遇到的挫折当成绊脚石，最后跌倒了爬不起来。成功者并不是没有遇到挫折，但是他把挫折当成前进路上的垫脚石，自信"我能行"，于是他成功了！

战胜挫折，我能行

人的一生充满着大大小小的障碍，逆境也好，顺境也好，人生就是一场不断克服困难的斗争，一场无尽无休的拉锯战。不要畏惧挫折，要敢于战胜它！

曹雪芹著《红楼梦》花的工夫是"披阅十载，增删五次"，字字看来皆是血，十年辛苦不寻常。人们对奥运功臣由衷地敬佩，可谁又知，王军霞跑过的距离等于绕地球两周。巴尔扎克说过："人类所有的力量，只是耐心加上时间的混合。所谓强者，是既有意志，又能等待时机的人。"

人生在世，谁都会遇到挫折。适度的挫折有积极的意义，它可以帮助人们驱走惰性，促使人奋进。挫折又是一种挑战和考验。

英国哲学家培根说过："超越自然的奇迹多是在对逆境的征服中出现的。"关键的问题是应该如何面对挫折。

人们都希望自己的生活中能够多一些快乐，少一些痛苦，多些顺利，少些挫折，可是命运似乎总爱捉弄人、折磨人，总是给人以更多的失落、痛苦和挫折。

曾读过这样一则故事：草地上有一个蛹，被一个小孩发现并带回了家。过了几天，蛹上出现了一道小裂缝，里面的蝴蝶挣扎了好长时间，身子似乎被卡住了，一直出不来。

天真的孩子看到蛹中的蝴蝶痛苦挣扎的样子十分不忍。于是，他便拿起剪刀把蛹壳剪开，帮助蝴蝶脱蛹出来。然而，由于这只蝴蝶没

有经过破蛹前必须经过的痛苦挣扎，以致出壳后身躯臃肿，翅膀干瘪，根本飞不起来，不久就死了。自然，这只蝴蝶的欢乐也就随着它的死亡而永远地消失了。

这个小故事说明了一个人生的道理：要得到欢乐就必须能够承受痛苦和挫折。这是对人的磨炼，也是一个人成长必经的过程。

失败孕育着成功。有的人遇到挫折和失败时能较快地摆脱困境，从失败中吸取教训，总结经验，最终获得了成功。如大家所熟悉的科学家爱迪生，在发明灯泡的过程中，经过了一万多次的失败，才取得成功，造福于人类。

俗话说："胜败乃兵家常事。"常胜将军是没有的。任何人在一生中不可能总是一帆风顺，事事成功和如意，总会遇到一些挫折和失败。

对任何事物，我们都必须做好两种准备，即胜不骄、败不馁，不断吸取和总结经验教训，为最后的成功垫铺台阶。

虽然"学业的失败""交往的失败""择业的失败""交友的失败""竞争的失败"等，就像蜇人的马蜂一样，整天困扰着我们，但有这种烦恼的人很多，大部分人一生中都会遇到挫折和不幸。对我们每个人来说，挫折是我们生活中必须面对的东西。我们只有战胜它们，才能在人生道路上不断地取得成就，才能领略成功的喜悦。

一位哲人说：人生是一场战斗。但要获取成功，贵在敢于作战、善于作战。在人生的战斗中，总是与坎坷相伴，追求也常有痛苦相随。生活中的弱者，面对困难和挫折，犹豫了，害怕了，"认命"了，往往在紧要关头败下阵来。强者的行为不同，他们认定一个目标，义无反顾，攀登比人更高的山，所以，他们能够不断达到新的人生境界，欣赏到新的人生风景。

成功者和失败者之间非常重要的一个区别就是：面对挫折的不同态度。失败者会失败，并不是没有成功的机会，而是因为他把成功路上必然遇到的挫折当成绊脚石，认定"我不行"，屡战屡败，最后跌倒了爬不起来。成功者并不是没有遇到挫折，但是他把挫折当成前进路上的垫脚石，自信"我能行"，屡败屡战，于是他成功了！

心灵悄悄话

告诉自己，我能行。要知道"黑夜过去是黎明"，把失败和挫折看成是成功和胜利的前奏曲，就能在跌倒之后爬起来满怀信心地继续前进。当我们战胜挫折，克服困难，最后获得成功时，就会领略到最大的喜悦。

第六篇　困难面前决不退缩

困境中更要坚持不懈

在困境中坚持不懈是一种即使面临失败、挫折仍然继续努力的能力。我们常常能够观察到，正确对待逆境的人能从失败中恢复斗志继续前进，而当遇到逆境时不能正确对待的人则常常会轻易放弃。

有一位推销员在为一家公司推销日常用品。一天，他走进一家小商店里，看到店主正忙着扫地，他便热情地伸出手，向店主介绍和展示公司的产品，但是对方却毫无反应，很冷漠地看着他。这位推销员一点也不气馁，他又主动打开所有的样品向店主推销。他认为，凭自己的努力和推销技巧一定会说服店主购买他的产品。但是，出乎意料的是，那个店主却暴跳如雷起来，用扫帚把他赶出店门，并扬言："如果再见你来，就打断你的腿。"

面对这种情形，推销员并没有愤怒和感情用事，他决心查出这个人如此恨他的原因。于是，他多方打听才明白了事情的真相。原来，在他以前，另一位推销员推销的产品卖不出去，造成产品积压，占用了许多资金，店主正发愁如何处置。

了解这些情况后，推销员开始疏通各种渠道，重新做了安排，使一位大客户以成本价格买下店主的存货。不用说，他受到了店主的热烈欢迎。

这个推销员面对被扫地出门的处境，依然充分发挥自己的坚持精神，同时不断寻找突破逆境的途径，这正是高智商者的表现。

克尔曾经是一家报社的职员。他刚到报社当广告业务员时，对自己充满了信心。他甚至向经理提出不要薪水，只按广告费抽取佣金。于是，经理答应了他的请求。

开始工作后，他列出一份名单，准备去拜访一些特别而重要的客户，公司其他业务员都认为想要争取这些客户简直是天方夜谭。在拜访这些客户前，克尔把自己关在屋里，站在镜子前，把名单上的客户信息念了10遍，然后对自己说："在本月之前，你们将向我购买广告版面。"

之后，他怀着坚定的信心去拜访客户。第一天，他以自己的努力和智慧与20个"不可能的"客户中的3个谈成了交易；在第一个月的其余几天，他又成交了两笔交易；到第一个月的月底，20个客户只有一个还不买他的广告版面。

尽管取得了令人意想不到的成绩，但克尔依然锲而不舍，坚持要把最后一个客户也争取过来。第二个月，克尔没有去发掘新客户，每天早晨，那个拒绝买他广告的客户的商店一开门，他就进去劝说这个商人做广告。

而每天早晨，这位商人都回答说："不！"每一次克尔都假装没听到，然后继续前去拜访。到那个月的最后一天，对克尔已经连着说了数天"不"的商人口气缓和了些："你已经浪费了一个月的时间来请求我买你的广告了，我现在想知道的是，你为何要坚持这样做？"

克尔说："我并没浪费时间，我在上学，而你就是我的老师，我一直在训练自己在逆境中的坚持精神。"那位商人点点头，接着克尔的话说："我也要向你承认，我也等于在上学，而你就是我的老师。你已经教会了我坚持到底这一课，对我来说，这比金钱更有价值。为了向你表示我的感激，我要买你的一个广告版面，当作我付给你的学费。"

自 爱

克尔完全凭着自己在挫折中的坚持精神达到了目标。

在生活和事业中，我们往往因为缺少这种精神而和成功失之交臂。在半梦半醒之间，常常隐约觉得自己被压迫得快要喘不过气来了。你没办法翻身，也动弹不得。但是在你的潜意识中，必须控制自己的肌肉筋骨才能摆脱困境。借助意志力的不懈努力，终于可以挪动一个手指了。之后，如果继续挪动你的手腕，就可以控制整个手臂肌肉并把手抬起来了。然后你用同样的方法控制另一只手臂、另一条腿的肌肉，逐渐延展到全身。于是，意志力重新让你回到了对肌肉系统的控制，使你从梦中迅速恢复过来。

意志力坚强的人懂得培养自己的恒心和毅力，并将它变成一种习惯，无论遭受多少挫折，仍坚持朝成功的目标迈进，直至抵达为止。

在成功过程中坚持的毅力非常重要。面对挫折时，要告诉自己：坚持，再来一次。因为这一次失败已经过去，下一次才是成功的开始。人生的过程都是一样的，跌倒了，爬起来。只是成功者跌倒的次数比爬起来的次数要少一次，平庸者跌倒的次数比爬起来的次数多了一次而已。最后一次爬起来的人称之为成功者，最后一次爬不起来或者不愿爬起来、丧失坚持毅力的人，就叫失败者。

缺乏恒心是大多数人最后失败的根源。一切领域中的重大成就无不与坚韧的品质有关。成功更多依赖的是一个人在逆境中的恒心与忍耐力，而不是天赋与才华。

心 灵悄悄话

如果你一直努力的事尚未能成功，千万不要放弃。成功者多半都有这个信念，都知道，挫折是难免的，重要的是怎么样去克服它。

困难面前，永不服输

生活中有许多因自身缺陷而导致梦想破灭的故事，但也有许多因自身缺陷而变得更加努力、最终走向成功的故事。著名棒球队员莫里·威尔斯就是这样一个人。

1950年，莫里·威尔斯第一次在布鲁克林Dodgers队接受测试，身高只有5.8英尺，体重150磅，由于身体太瘦小，几乎什么位置都不合适。

不过，由于他是个极好的跑垒手、有前途的投手和比较好的防守人，Dodgers队最终还是录用了他。然而，虽然签了约，他却被送到超级联合会下属的小竞赛联合会去培养，以备后用。

威尔斯临走时告诉他的朋友："两年后我将返回超级竞赛联合会和杰克·罗宾逊一同打球。"然而天不遂人愿，结果他在小竞赛联合会苦苦挣扎了八年半，才进入超级竞赛联合会。威尔斯的成功，不只在于他最终进入了超级竞赛联合会，更在于他这八年半之间的艰苦卓绝的奋斗经历。

一开始，他被安排在棒球运动中打最低级的位置，要坐公共汽车赶去参加每场比赛，每月只能拿到难以养家的小联合会发给的150美元工资。但他没有灰心绝望，他知道只要努力提高自己的棒球技术，就一定能在超级联合会中找到属于自己的一席之地。

威尔斯就在这种情形下坚持每天练习击球，然而在经过几年之久的练习后，他与超级联合会的花名册仍然无缘。但他没有放弃，仍旧

自爱

一如既往地坚持着。

有一天，教练鲍勃·伯兰根到现场观看威尔斯练击球，发现他总是担心弧线球会打中自己的头。一个球员如果击不出弧线球的话，他就永远进不了超级联合会。

于是，鲍勃建议威尔斯试试"轮流打"，练习用左手击球，这样面对投手用右手投出的球时，他就可以从反方向击球而不会担心被球击中了。

"你将填补七年半以来联合会中没有右手击球手的空白，"鲍勃对威尔斯说，"他不会损失任何东西。明天早点来，我亲自给你投球。"第二天早上，他俩比其他的队员早到了几个小时，鲍勃为威尔斯投球，从威尔斯的练习效果上看，鲍勃似乎看到了一点希望。四天之后，威尔斯急于想在主场的一次比赛上试验一下轮流打。但鲍勃建议他到了客场比赛时再说，这样他就不会因为面对家乡的球迷而感到紧张。

客场比赛上，威尔斯击出了两个好球。"现在我又感觉到自己像一个棒球运动员了，"威尔斯说，"这两次击球又使我燃起了重新回到布鲁克林的梦想。"赛季结束后，威尔斯已经成长为一个非常优秀的游击手，他的轮流打也展示出了他所具备的非凡实力。但是，即使他的技术提高了很多，布鲁克林 Dodgers 队仍然没有要把他提升到超级联合会的意向。

在小联合会的第八年里，威尔斯继续在鲍勃的帮助下练习。在赛季的前 25 场球赛中，他投垒就达到了 25 次，成绩十分显著。

好运终于要降临到威尔斯身上了。有一天，教练鲍勃听到一个消息：Dodgers 队游击手的脚趾折断了，负责人正在全国各地寻找一位接替人。

于是，他给总部打了电话："其实你没有必要在全国范围内找一名游击手，在你手边就有一名非常优秀的队员。""你是说莫里·威尔斯？不，他根本不会打球。"对方回答说。"是的，但那是从前，"鲍勃反驳道，"他现在不同了，已经不再是以前的那个球员了。"

尽管已经做出了最大努力，Dodgers 队最终还是没有接受鲍勃的建议，继续在全国物色人选。一个星期后，由于没有找到合适的人选，总部非常绝望，就给威尔斯打了电话，让他来到米尔沃基参加球队的训练。在接下来的几场比赛中，威尔斯发现，在超级联合会打球与在小联合会打球存在着很大的差别。他虽然是个非常好的游击手，但击球技术仍无法达到超级联合会的水准。每场比赛总会给他几次击球的机会，然后在第七局，最关键的一局中，轮到威尔斯击球时，教练就会将他替换下来，换上另外一名垒球手。"事实就摆在面前，如果我不能将球击好，我将再次被送回小联合会。"威尔斯回忆说。

但是最终，威尔斯通过自己艰苦努力把自己留在了超级联合会。

威尔斯去找当时最好的教练皮特·赖泽，求他帮忙。皮特同意在常规赛季开始前每天指导他击球两个小时。威尔斯天天练习击球，不管风吹雨淋，还是双手磨出血泡，始终坚持去做。可惜一段时间过后，他的击球技术还是不够好，还是避免不了在第七局被换下的遭遇。威尔斯感到非常失望，他真打算退出球坛。

但皮特的鼓励让他留了下来，这让后来的棒球界又多了一位耀眼的明星。皮特发现，威尔斯每次总是练习手臂和姿势，于是他认为威尔斯最大的问题可能是信心不足。接下来，皮特改变了对威尔斯的训练方式。每个赛季，皮特和威尔斯用 30 分钟练习垒球，用 90 分钟帮助威尔斯在精神上做好准备工作。坐在场地外，皮特分析威尔斯的想法和对比赛的态度，皮特要求威尔斯相信自己有这方面能力，如果能让他坚持下去，就一定会取得成功。

"如果你击 10 次球连 1 分都没得到，你就很难继续走上本垒击球了，"威尔斯说，"然而，我知道信心来自成功的体验，而成功来自多次艰苦的练习和准备。"

在两个星期后的一场比赛中，威尔斯第一次击球得分。在关键的第七局，威尔斯回头看看教练沃尔特·阿斯顿，等待被替换下来的指

令，但经理朝他点了点头，示意他继续下去。威尔斯又一次击球得分。

这次比赛让威尔斯信心倍增，他仿佛一下子看到前途是那么光明。八年之后，威尔斯终于在超级联合会找到了自己的位置。

在超级联合会完成第一个完整的赛季后，威尔斯最终成为了联合会中优秀的游击手和击球手。但是，威尔斯并没有就此停下前进的脚步。他决定充分发挥上天赋予他在击球速度方面的天赋，于是开始对对方投手和接球手的技术和战术进行研究，经过认真分析和训练，他学会了利用假动作骗过对手触垒得分的技巧。威尔斯开始偷垒，这种进攻策略除了名人堂中的老前辈库博外再没有其他人有能力使用。

在 Dodgers 队的第二个赛季，威尔斯以他的偷垒压倒了总联合会的对手。偷垒成了威尔斯的"独门暗器"，他迷惑了投手，导致接球手的盲投，他的表演吸引了成千上万的球迷来到体育馆观看他出色的表演。

威尔斯是个永不自满的人。他虽然已经取得了骄人的成就，但他还想使自己的竞技水平更上一层楼。他决定打破库博的偷垒纪录。1915 年，库博在 162 场比赛中偷垒 96 次。在 1962 年一个赛季的 162 场比赛中，威尔斯确定的目标就是在 156 场比赛中偷垒数打破库博的纪录。威尔斯疯狂地在场上奔跑着，多次的滑垒将他下半身的皮肤擦破、流血，但他扎上绷带，继续迎战。

第 155 场比赛在圣路易斯举行，迎战卡地那队。在这次比赛中，威尔斯只要偷垒成功两次，就能打破世界纪录。那天，他成了场馆内的焦点，电视机前的全国人民也在关注他。最终，威尔斯果然不负众望，打出了两记本垒，完成了两次偷垒，打破了世界纪录。

那个赛季结束后，威尔斯被授予"联合会最有价值球员"称号，与名人堂的威利·梅斯、唐·德赖斯代尔、桑迪·考费克斯等人比肩齐名。

至此，莫里·威尔斯由一个垒球界的无名小卒一下子变成了超级明星。威尔斯在一年又一年、一次又一次被拒绝之后终于证明了自己的价值，获得了人生中乃至历史上空前的成功。这一切，都要归功于威尔斯这种不服输的精神。

心灵悄悄话

　　有些人面对自身缺陷和梦想遥远的事实，知难而退，甘愿放弃；而有些人敢于直面现实，敢于向困难发起挑战，始终有股不服输的精神，所以最终走向了成功。

不要轻易对自己说 "不"

在你遭遇不幸之后，耳边会有很多声音响起，有自己的，有亲人的，有朋友的，有同事的，有专家的……而这些声音包括 "年轻人跌倒了赶快爬起来，继续前进"，也有 "你根本就不是那块料，趁早改行吧"，等等。其实人生之路还很漫长，我们不能轻易对自己说 "不"。我们还有尚未开发的潜力。我们心中仍有一股巨大的可以奋斗的力量。只要雄心不泯，我们都能重新打造出一片天地。

有一个雇主要招聘一个职员，他对前来应聘的 20 个年轻人说："现在，这里有一个球，那边有一个标记，你们要做的是用球来击中这个标记。每个人有 7 次机会，谁击中目标的次数多，谁就将被录用。"结果，所有的年轻人都没能打中目标。雇主摆摆手，说："很遗憾，你们谁都没有打中。那就明天再来吧，看看你们能不能做得更好。"

第二天，只来了一个年轻人，他说自己已经准备好测试了。结果，他每次都击中了靶心。"很好，年轻人！"雇主先是笑了笑，转而又惊讶地问，"但是，你能告诉你是怎么做到的吗？"

"哦！"年轻人解释道，"我很想得到这份工作来帮我母亲减轻负担，所以昨晚我在家里练了一整夜。"

不用说，他得到了这份工作，因为他不仅具备了工作当中所需的执着精神，而且他那份难得的孝心也映射出了他所具有的良好品格。

罗布是一名电影制片人，自创业以来一直一帆风顺。但他觉得，做制片人还不能充分发挥他的才能和潜力。在好莱坞，最大的荣耀应该属于导演。于是他执导了一部片子，评论界众说纷纭，票房收入极低。经此一役，导演罗布不再像从前的制片人罗布那样大受欢迎了。从此之后，失败接二连三地向他袭来。

一年之内，电影砸锅，朋友远离他，妻子抛弃他，仿佛一夜之间所有不幸都向他袭来。罗布承受不住巨大的压力，从加利福尼亚逃到纽约，过起了隐姓埋名的生活。

他坐在纽约的套房里，整天陷入苦思冥想之中。最后，一个新的计划在脑海中诞生了。不久，他又回到洛杉矶，回到他战斗过也失败过的地方。他怀揣着从未有过的谦卑感回去了。一切都得重新开始，一种完全不同的自我意识支持着他。他放下身价和面子，从低级的工作开始干起。"我得倒退三步，才能前进四步。倒退虽然痛苦，却必不可少。"他这样告慰自己。

罗布最终还是登上了好莱坞的顶峰。这一次，他既非制片人，也非导演，而是电影公司的董事。

罗布知道自己是幸存者。他现在正是轻装上阵，他的价值观非常明确。也许，他会遇到更多的挫折，但他决不低头。在他看来，成功并不在于重新当上电影公司的总裁，而在于审视自己的生活这一过程，他将这一精神旅程视为最大的成就。

读完罗布的事迹，你会明白"我完全垮了"对罗布来说是错误的，而对你来说，同样是错误的。

障碍不是用来阻挡我们的，而是用来帮助我们成长的。我们每一次成功都需要扫平障碍。障碍会告诉我们，到底是资讯不够，能力不够，还是努力不够，从而我们才知道如何去开拓，去学习，去努力，直至取得成功。

自爱

1948 年，牛津大学举办了一个主题为"成功秘诀"的讲座，邀请到了大名鼎鼎的丘吉尔来做演讲。3 个月之前，各大媒体就开始炒作，使得各界人士备受关注，翘首企盼。

这一天终于来了，会场上人山人海，水泄不通。全世界各大新闻机构云集于此，准备与广大听众共同聆听和分享这位大政治家、外交家、文学家（丘吉尔曾获诺贝尔文学奖）的成功秘诀。

丘吉尔走上讲台，用手势止住大家雷动的掌声，然后用铿锵有力的语气说："我的成功秘诀有三个：第一，决不放弃；第二，决不、决不放弃；第三，决不、决不、决不放弃！我的讲演结束了。"说完就走下讲台。

会场上沉寂了大约一分钟，之后才爆发出经久不息的雷鸣般的掌声。

这场演讲是成功学演讲史上的经典之作。丘吉尔用他一生的成功经验告诉人们：成功根本没有什么秘诀可言，如果真是有的话，就是两个：第一个就是坚持到底，永不放弃；第二个就是当你想放弃的时候，回过头来看看第一个秘诀：坚持到底，永不放弃。正如乔治·马萨森所说："我们获胜不是靠什么有利条件，而是靠不断努力。"

心灵悄悄话

任何人的人生之旅都不是一帆风顺的，经历一些风浪对我们来说是有益无害的。我们需要从经历中领悟，从失败中成长，成功的过程就是不断拒绝放弃、克服障碍的过程。

战胜困境，才能成功

在温室里成长的花朵，一旦将它放到屋外，受点风吹雨打，它就会丧失生命力。而长期生存在野外的花儿，则经得起风霜，耐得住严寒。

1950 年夏天，办事一向干脆利落的李嘉诚以自己多年的积蓄和向亲友筹借的 5 万港元在香港九龙租了一间厂房，创办了"长江塑胶厂"，专门从事塑胶玩具和简单日用品的生产；由此起步，开始了他在世界经济史上叱咤风云的创业之路。

几次小小的成功，使得年轻且经验不足的李嘉诚忽略了商海战场中变幻莫测的特点，他开始过于自信了。他急切地去扩大他那原本资金不足、设备简陋的塑胶企业。于是，他的资金开始周转不灵，塑胶产品的质量开始下降，迫在眉睫的交货期使一贯重视产品质量的李嘉诚也无暇顾及愈来愈严重的质量问题。于是，仓库堆满了因质量问题和交货的延误而退回来的产品，工厂的亏损愈来愈严重，塑胶原料商开始上门催缴原料费，客户也纷纷上门寻找一切借口要求索赔。

这时的李嘉诚每天都忙着应付不断上门催还贷款的银行职员，应付不断上门威逼他还原料费的原料商，应付不断上门来连打带闹要求索赔的客户，以及拖家带口上门哭哭闹闹要求按时发放工资的工人们。

但难能可贵的是，李嘉诚并未就此而灰心丧气，而是勇敢地面对他所遭遇的失败，坚定地树立起他一定会战胜失败的信心。

159

自爱

经过一系列周密、详细的调查研究之后，李嘉诚发现，在种类繁多的塑胶产品中，自己的工厂所生产的塑胶玩具和小商品在国际市场及香港市场上已经趋于饱和状态，似乎已经没有足够的生存能力了。这就意味着他将必须重新选择一种能救活企业，在国际市场、国内市场中均具有强大竞争力的产品，从而实现其塑胶厂的"转轨"。

慢慢地，他发现，如果自己转而生产塑胶花，那么，不仅市场走俏，也能顺利实现自己濒临倒闭的工厂的转产。但是，当年轻的李嘉诚想要自立门户加入当时正在走俏的塑胶花的市场竞争中去时，他却无法解决他所遇到的技术上的难题。怎么办呢？无奈之下，他想到了亲自去向国外的先进企业学习新产品技术的办法。

于是，李嘉诚怀揣着强烈的求知欲，登上飞赴意大利的班机，去实地考察和学习那里塑胶花制造的先进生产工艺。

李嘉诚知道，当一种新产品投放市场的时候，厂家对该产品的技术是绝对保密与戒备的，不会轻易向来访者提供。也许应该名正言顺地购买新技术专利？但是，一来自己的长江厂小本经营，付不起昂贵的专利费；二来厂家绝不会轻易卖了专利，它往往要充分占领市场，甚至直到准备淘汰这项技术时，方肯将专利出手转让给他人。

难道就此打道回府么？情急之下，李嘉诚想到一个绝妙的办法。由于这家公司的塑胶厂人手不够，急需招聘工人，他连忙跑去报了名，被派往车间做打杂的工人。

在车间里，李嘉诚负责清除废品废料，因此，他可以每日推着小车在厂区各个工区来回走动，双眼却紧紧盯着整个工艺流程，恨不得将它吞下肚去。收工后，他急忙赶回旅店，把观察到的一切都记录在笔记本上。

这样，在不长的时间里，李嘉诚熟悉了整个生产流程。但是，属于保密的配色技术环节还是不得而知。于是，李嘉诚又心生一计。

在一个假日里，李嘉诚邀请数位新结识的朋友，到城里的中国餐馆去吃饭，这些朋友都是某一工序的技术工人。席间，李嘉诚诚恳地

向他们请教有关技术的问题，佯称他打算到其他工厂去应聘技术工人。就这样，李嘉诚通过眼观六路，耳听八方，终于慢慢悟出了塑胶花制作配色的技术要领。

在商业竞争的过程中，经营同一种产品的商家越多，就好像跑道上与你同时起跑的对手就越多，你很难一一超越他们。李嘉诚分析道，塑胶花实际上是植物花卉的翻版，每一个国家和地区的人们，所种植和喜爱的花卉都不尽相同。而目前香港生产的塑胶花有一个很大缺点，那就是，它们太意大利化了，并不适合香港和国际大众消费者的喜好。因此，他根据时代的需求以及对消费者的不同消费心理，设计出全新的款式，并要求自己的企业不必拘泥植物花卉的原有模式，要敢于大胆创新。

李嘉诚从国外考察回来的前夕，他跑了好多家花店，了解销售情况。最终，他发现塑胶绣球最畅销，他立即买下好些绣球花作为样品，带回香港。

回到香港后，李嘉诚不动声色，只是把几个部门负责人和技术骨干召集到他的办公室，把带来的样品展示给大家。众人都为这样千姿百态、栩栩如生的塑胶花拍案叫绝。

这时，李嘉诚宣布，长江厂将以塑胶花为主攻方向，并且表示，一定要使其成为本厂的拳头产品，借助它使长江厂更上一层楼。李嘉诚将样品交给他们研究，要求他们着眼于三处：一是配方调色，二是成型组合，三是款式品种。

李嘉诚知道塑胶花的工艺并不复杂，因此，长江厂的塑胶花一旦面市，其他塑胶厂势必会在极短时间内跟着模仿。之后，其他厂家也会一拥而上，那时，长江厂的市场地位就难以稳定。所以，李嘉诚在经营策略上提出"人无我有，独家推出"的方针，在极短的第一时间内，以适中的价位迅速抢占香港的所有塑胶花市场，一举打出长江厂的旗号，掀起新的消费热潮。

卖得快，必产得多，"以销促产"比"居奇为贵"更符合商场的

161

竞争原则，如此一来，即使效颦者风起云涌，长江厂也已站稳了脚跟；长江厂的塑胶花也深深植入了消费者的心中。

就这样，李嘉诚在香港的市场竞争中洞悉先机，快人一步研制出塑胶花新产品，填补了香港市场的空白。另外，由于李嘉诚执行不按物以稀为贵的一般道理卖高价，而是着眼于占领市场份额的经营策略，因而一举成功，成为香港塑胶花的"生产大王"。

有雄心成大事的人能从失败的阴影中走出来，保持清醒的头脑，冷静客观地分析，然后想出高明的办法以最快的速度重新崛起。只有燕雀之志而甘愿平庸的人往往在失败中丧失斗志，放弃成功。两者有着截然不同的命运。

心灵悄悄话

越是险恶的环境，越能使强者有所表现。只有强者，才能在磨难和挫折中继续生存，才能靠着雄心和勇气去迎接困难的挑战，战胜困境获得成功。

任何困难都终将过去

　　每个人都有遇到困难的时候，但要咬紧牙关坚持下去，善于在困境中对自己说："一切都会好起来！我能应付过去！一切都会过去。"其实想想我们经历过的所有坎坷困苦，不管当时多么无助，多么害怕，但过后随着时间的流逝，那些都已不算什么，所以，让我们记住这句话：一切困难都会过去。

　　有一位只活了48岁的作家，从小严重瘫痪，只有一只左脚可以勉强活动，但是他就是凭着这只左脚写出了自传体小说《我的左脚》，他就是爱尔兰作家克里斯蒂·布朗。

　　克里斯蒂·布朗的一生是忍耐的一生，是挑战的一生。1933年他出生时，就患了严重的大脑瘫痪症。一直到5岁，小布朗还不会说话，头部、身躯、四肢也都不能活动，父母带着他四处求医，可情况始终没有什么好转。最后连家里人也失去了信心，认为他可能要这样过一辈子。

　　此时的布朗毫无意识，直到有一天，躺在床上的小布朗看到妹妹扔下的彩笔，他忽然伸出了自己的左脚把彩笔夹了起来，在墙上乱画起来。他画得正起劲的时候，母亲走进来，高兴地惊叫："他的左脚还能活动！"

　　母亲没放过这个微弱的暗示，她坚信只要小布朗的脚能活动，他就应该能做许多事情。于是，她便开始教布朗写字，没想到，第一天，布朗就能用脚写出三个英文字母。很快，他就能把26个英文字

自 爱

母按顺序写下来。这令全家人感到异常高兴。母亲不仅让他学写字，还让他看书，为他买来适合他阅读的世界名著。布朗对书产生了浓厚的兴趣，如饥似渴地阅读。

也许是布朗受母亲坚强的感染，也许是上天可怜这对苦苦挣扎的母子，总之，一段时间以后，小布朗慢慢地竟然能说话了。后来，他向妈妈提出，他想要写信、做读书笔记，还想自己写点什么。母亲有些为难，只有左脚能活动，他怎么写呢？小布朗说："我可以用脚打字呀。"他将自己的左脚高高抬起，大声地宣布："我要用它写，我要成为全世界第一个用脚趾打字的人！"此时的小布朗已经有了忍耐的能力，已经具备了挑战挫折的气魄。

母亲也看到了布朗的希望。她相信：总有一天，布朗会以自己的方式独立生存。母亲想方设法替儿子买来了一台旧打字机。布朗把打字机放在地上，自己半躺在一把高椅上，用左脚按动键钮。刚开始，由于脚趾掌握不好打字的力度，布朗打出的字不是模糊不清，就是打烂了纸。但布朗一点也不灰心，他像着迷一样，仍然疯狂地练习，不管是炎热的夏天，还是寒冷的冬天，布朗都不曾停止练习。累了，就用左脚趾夹着笔画画。年深日久，布朗的左脚趾长出了厚厚的茧子。功夫不负有心人。终于，他打出了力度适中、清清楚楚的字，而且还能熟练地给打字机上纸、退纸，还能用左脚趾整理稿件。

打字并不是布朗的最终目标，当他学会打字之后，他决心向高峰攀登，那就是写作。他把自己想写一部小说的想法告诉了母亲。这一次，母亲犹豫了。母亲知道儿子是个有决心、有毅力的人，她也理解儿子的心情，可她知道写作比学习打字不知要难上多少倍，她担心儿子一旦失败会受不了心灵上的创伤，她不想让这个可怜的孩子再受任何伤害，平添痛苦。另外，她也觉得，儿子还是小孩子，没有多少生活阅历，有什么可写的呢？于是她劝慰儿子："孩子，你有雄心壮志，妈妈很高兴。但是，人生的道路是很曲折的，不像你想的那么简单，万一失败了怎么办呢？我看你还是好好休养，读读书，画画图画，玩玩打字机就行了，不要想得太多了。你现在年纪还小，等以后再说吧！"

这是一个慈祥的母亲。她害怕小布朗受到伤害。然而布朗却异常坚定，他对母亲说："这么多年，我已经忍过来了。妈妈，人活着就应该有所追求，不是吗？我虽然是一个残疾人，已经失去了生活的许多乐趣，但是我不能失去自己的梦想。我要让别人看到，我不是一个包袱，不是一个多余的人。"母亲惊异于布朗的坚忍与成熟，于是就全力支持他。

布朗躺在床上，静静地回忆着自己的不幸和坎坷经历，决定把自己的经历写下来，告诉那些在不幸中苦苦挣扎的人，告诉那些和他一样残疾的人，要坚强起来，不要屈服于命运的苦难。

这种沉重的苦难浸润了布朗的身心，却也积淀了布朗奋起的力量。布朗写出的小说非常深沉而有力量。他完成第一章初稿，就迫不及待地让母亲阅读、评点。母亲一下子被小说主人公的痛苦遭遇和坚强的性格深深打动，她紧紧把布朗搂在怀里："孩子，你是妈妈的骄傲，你一定会成功的！"

有了母亲的鼓励，布朗更加坚定。就这样，不知写了多少个日日夜夜，不知道克服了多少常人都难以想象的困难，终于，在21岁那年，布朗的第一部自传体小说问世了。他把它叫作《我的左脚》。布朗虽然只能用左脚来写小说，但这并不妨碍他在文学创作的道路上继续拼搏。16年后，布朗的又一部自传体小说《生不逢时》也出版了。这部小说感情真挚、道理深刻、情节动人、语言优美，一出版便震动了国内外文坛，成了畅销书，20多个国家翻译出版了这本书，有的国家还将它改编成电影。15年后，在妻子的照顾和帮助下，布朗又先后出版了三部小说和三部诗集，成为享誉世界的文学巨匠，成为爱尔兰人民的骄傲。

一个只有左脚可以活动的残疾儿，却能成为举世闻名的大文学家，一个关键的能力就是"忍耐"。因此，他成功了。

自 爱

逆境的改变往往产生于再坚持一下的努力之中。生活中，我们常常会遇到困难，只要咬紧牙关，相信困难终会过去，一切都会好起来。

心灵悄悄话

人生不是一帆风顺的。但成功者都拥有一个积极的心态，他们不断地在调节与受挫之间慢慢度过。对于人生的道路，顺利时他们慰藉，曲折时他们努力，就在这些甜与苦的经历中，他们学会了乐观与坚强，同时也读懂了人生的价值，创造了属于自己的辉煌。

身处逆境不要逃避

事业受挫、赋闲在家、感情危机、环境压力、城市生活缺乏归属感……在人生的每一个年龄段、每一个层次上生活的人，都难免会遭遇到逆境的折磨。然而，就在我们生活的世界里，在我们的身边，有很多人虽然身处恶劣的环境当中，却仍神采奕奕、精神百倍地活着，他们受挫一次，反而将其视为一种新力量的源泉，一次为成功而累积的经验，而非一种失败，从而把他内心中蕴藏的最强大的潜能激发出来，释放出来，取得更大的成就，获得更大的成功。所以说，在逆境的面前，那些一受打击便一蹶不振、不能接受的人只能一辈子做个失败者；那些相信"此路不通彼路通"的乐观进取者、高智商者才有能力走出逆境，取得成功。

在逆境面前，我们不能逃避。逃避虽然可以暂时缓解心理的紧张状态，但并不能在本质上解决实际问题。一个成功者懂得如何在逆境中积累能量，如何将自己的梦想保存起来，如何在下一次机会来临的时候，一跃而起，获得成功。

有的时候，生活给我们一种绝望的感觉。并不只有在生命受到威胁的时候才叫作绝望，生活中、工作中，让我们产生挫折感和失望感的时候，也能让我们产生一些绝望感。比如：我们想要做的事情没有成功，或事情朝着我们预期的反方向发展；别人对自己的工作和成就不够认可；亲人和爱人的离开……当这些事情的程度超过了我们所能接受的极限时，就会让我们产生挫折感和失望感，当这些感觉到了极端时，就是绝望。

167

小程在大学毕业后，应聘进了一家公司。他工作一直兢兢业业、表现良好，期望有个提升的机会。他的上司也曾有意无意地暗示他，他很有希望被提升。于是他开始设想新的职位可能带来的变化：工作更加轻松，薪金也会增加，他会有更好的房子，甚至都在考虑和交往很久的女友结婚。不幸的是，在预期提升的前两个月，公司被兼并了，提升一事被搁置了。更为糟糕的是，新公司启用了他们原有的职工。小程发现，他一直很感兴趣的职位被一个比他还年轻的人顶替了。他为此深感愤怒，继而陷入抑郁。与提升有关的所有计划、期望和目标全都化为泡影了。他从此一蹶不振，总觉得心里有个声音在告诉他：以后的工作不会再有提升的机会，而事情也不会再对他有利，不必再努力下去了。就这样，小程陷入了前所未有的空虚感和逆境中不能自拔，终于，新老板看到他每天无所事事，辞退了他。

小程对事情的绝望表现出来的自怨自艾、怨天尤人，造成了丢掉工作的后果，这些都说明他是个抗逆能力过低的人。如果他能够在逆境中继续努力工作，相信新老板一定能发现他的能力，或许这次的提升他没有机会，可是，在下一次、下下次可能就有机会。俗话说，是金子总会发光。新老板一定有能在泥土中发现金子的眼光。但是，现在说什么都晚了，小程已经失去了他的机会，这就是他逃避逆境、不能直面逆境的结果。

心灵悄悄话

生活中的种种现实都表明，在不可避免的压力和逆境中逃避是最不可取的。你必须正视它，才能战胜它。其实逆境并非不可逾越的障碍，每一个困难都是一次挑战，每一次挑战又都是一个机遇。

面对困难，要敢于蔑视

一个人在工作中，不可能总是一帆风顺、事事遂心，难免会经历许多的荆棘与挫折。

有的人心理素质较差，意志力薄弱，经不起一点点失败，在工作时一遇到挫折，就渐渐对自己失去信心，认为自己这也不行，那也不行，一天到晚愁眉不展、怨天尤人，根本无法振作精神。如此一来即使有好机会能使问题出现转机，也被这拉长的苦脸吓跑了。

在一家名叫天威的天线公司，总裁来到营销部，让大家针对天线的营销工作各抒己见，畅所欲言。营销部胖乎乎的赵经理耷拉着脑袋叹息说："人家的天线三天两头在电视上打广告，我们公司的产品毫无知名度，我看这库存的天线真够呛。"部里的其他人也随声附和。总裁脸色阴沉，扫视了大伙一圈后，把目光驻留在进公司不久的一位年轻人身上。总裁走到他面前，让他说说对公司营销工作的看法。

年轻人直言不讳地对公司的营销工作存在的弊端提出了个人意见。总裁认真地听着，不时嘱咐秘书把要点记下来。

年轻人告诉总裁，在十几家各类天线生产企业中，唯有001天线在全国知名度最高，品牌最响，其余的都是几十人或上百人的小规模天线生产企业，但无一例外都有自己的品牌，有两家小公司甚至把大幅广告做到001集团的对面墙壁上，敢与知名品牌竞争。

总裁静静地听着，挥挥手示意年轻人继续讲下去。年轻人接着说："我们公司的老牌天线今非昔比，原因颇多，但归结起来或许就

是我们的销售定位和市场策略不对。"

这时候，营销部经理对年轻人暗示他们工作无能的话充满了愠色，并不时向年轻人投来警告的一瞥，讽刺地说："你这是书生意气，只会纸上谈兵，净讲些空道理。现在全国都在普及有线电视，天线的滞销是大环境造成的。你以为你真能把冰推销给因纽特人？"

经理的话使营销部所有人的目光都射向年轻人，人们开始窃窃私语。

经理不等年轻人"还击"，便不由分说地将了他一军："公司在甘肃那边还有5000套库存，你有本事推销出去，我的位置让你坐。"

年轻人朗声说道："现在全国都在搞西部开发建设，我就不信质优价廉的产品连人家小天线厂也不如，偌大的甘肃难道连区区5000套天线也推销不出去？"

几天后，年轻人风尘仆仆地赶到了甘肃省兰州市天元百货大厦。大厦老总一见面就向他大倒苦水，说他们厂的天线知名度太低，一年多来仅仅卖掉了百来套，还有4000多套在各家分店积压着，并建议年轻人去其他商场推销看看。

接下来，年轻人跑遍兰州几个规模较大的商场，几天下来毫无收获。

正当沮丧之际，某报上一则读者来信引起了年轻人的关注，信上说那里的一个农场由于地理位置的关系，买的彩电都成了聋子的耳朵——摆设。

看到这则消息，年轻人如获至宝，当即带上十来套样品天线，几经周折才打听到那个离兰州有100公里的金晖农场。信是农场场长写的。他告诉年轻人，这里夏季雷电较多，以前常有彩电被雷电击毁，不少天线生产厂家也派人来查，知道问题都出在天线上，可查来查去没有眉目，使得这里的几百户人家再也不敢安装天线了，所以几年来这儿的黑白电视只能看见哈哈镜般的人影，而彩电则是形同虚设。

年轻人拆了几套被雷击的天线，发现自己公司的天线与它们的毫

无二致，也就是说，自己公司的天线若安装上去，也免不了重蹈覆辙。年轻人绞尽脑汁，把在电子学院几年所学的知识在脑海里重温了数遍，加上所携仪器的配合，终于使真相大白，原因是天线放大器的集成电路板上少装了一个电感应元件。这种元件在一般天线上是不需要的，它本身对信号放大不起任何作用，厂家在设计时根本就不会考虑雷电多发地区，但没有这个元件就等于使天线成了一个引雷装置，它可直接将雷电引向电视机，导致线毁机亡。

找到了问题的症结，一切都迎刃而解了。不久，年轻人将从商厦拉回的天线放大器上全部加装了感应元件，并将此天线先送给场长试用了半个多月。期间曾经雷电交加，但场长的电视机安然无恙。此后，这个农场就订了500套天线。同时，热心的场长还把年轻人的天线推荐给附近存在同样问题的5个农林场，销出2000套天线。短短半个月，一些商场主动向年轻人要货，连一些偏远县市的商场采购员也闻风而动，原先库存的4000多套天线很快就销售一空。

一个月后，年轻人返回公司。这时公司如同迎接凯旋的英雄一样，为他披红挂彩并开道欢迎。营销部经理也已经主动辞职，公司随即任命这个年轻人为新的营销部经理。

面对困难与挑战，这个年轻人勇敢无惧，迎难而上，善于观察与思考，寻找问题的症结，最终解决了难题，也为自己赢得了广泛的声誉与优渥的职薪。

心灵悄悄话

在困难面前，我们只有表现出强硬的蔑视态度，才能站稳脚跟，找回自信，更好地寻找解决之道，从而攀上成功之峰。

敢于接受生活中的挑战

在生活中，失败者常常畏惧一切挑战，只要稍遇困难和麻烦，他们就会立刻感到沮丧。在目的还未达成之前他们便会选择轻易地放弃；凡事他们都会先入为主地说出："我做不到""我不会"。对这些人而言，只要是有困难的事情就等于是不可能办到的事情。

事实上，如果我们认真地去做每一件事情的话，世上真正办不到的事情是绝对不会有那么多的。正像成功者那样，他们从不畏惧困难和麻烦，相反，他们还会视挫折为挑战，最终通过自己的努力，战胜困难，赢得成功。

松下幸之助说："以我的人生经验来看，办不到只是懒惰的借口。没有'再突破'欲望的人，就不会取得实质性的进步。在你办任何事情时，一旦自己开始觉得困难和麻烦，此时你切不可立即产生沮丧情绪；相反，应激发你更加奋发向上的劲头。你一定要在此时咬紧牙关，抱定一定要在某一天出人头地的决心，努力到底。"

我们每个人都曾为不同程度的危机折磨过，但如果你要过一个有意义的人生，就得面对危机，并将危机逆转为对自我的重新认识。事实上，真正能给你带来领悟、体会和有价值的东西，多数都是有些难处和麻烦的。当我们以自己的怜悯与自尊去克服绝望时，我们事实上已经战胜了这些挫折。记住，在面对危机时，必须以我们的价值观与勇气号召精神上的力量，来确定我们在社会上的价值，绝不可让绝望把我们带向孤独。面对危机时，我们必须有勇气去迎接它。

一个危急关头就像岔路口，一条通向希望和好的结局，另一条通

向坏的结局。在医学上"危急"是一个转折点，患者不是情况恶化或者死亡，就是康复或得到新生。因此，每一种危急局势都存在两种发展的可能性。

棒球赛到第九局（决胜局），双方平手，对方三人在垒，在这种关键时刻上场的投手，可以成为英雄而受到尊敬，也可能丢掉全局而为人唾骂。

休·凯西是最成功、最冷静、最善于解围的投手之一。有人曾问他在球赛的关键时刻上场时有什么想法，他说："我永远是想着我要干的事和我希望发生的事，而不去想击球手要怎么样，或者我将面临什么情况。"他说，他把注意力集中在他希望发生的事身上，觉得自己能使它发生，而事情往往就是这样发生了。

这种态度同样是在危急时刻做出良好反应的关键。如果我们面临危机时，能采取主动进取的态度，而不是消极防御的态度。因为危机本身就可以作为一种刺激物来释放你的潜在力量。

有一个身材细高而瘦弱的人，当他的房子发生火灾时，他把自己心爱的一架钢琴抬起来走出房间，下了三层台阶，跨过一米多高的栏杆，然后把钢琴放到草坪的中央。而这架钢琴原来是请了6个强健的男人才在屋子里摆好的，在危急关头，一个瘦弱的人受到危急的刺激，自己就把它搬出来了。很显然，他获得了一种特别的力量！

神经病学家J. A. 哈德菲尔德深入研究过在危急时刻对普通人产生极大帮助的非凡力量——身体上的、心理上的、感情上的和精神上的力量。他说："一个十分平凡的人在紧急情况下，也能忽然产生力量进行自助，这种方式是非常奇妙的。我们过着拘谨的生活，避开困难的任务，除非我们被迫去做或者下决心去做时，才会立即产生一种

173

无形的力量。我们面临危险时，勇气就产生了；被迫接受长期的考验时，就发现自己拥有持久的耐力；灾难最终造成我们惧怕的后果时，我们会发现内在的潜力，仿佛是出自永恒手臂的力量。一般的经验告诉我们，当形势特别需要我们的时候，只要我们无所畏惧地接受挑战，自信地发挥我们的力量，任何危险或困难都会激发能量。"

在困难面前，我们往往只有一种基本的情绪——"激动"，它到底是表现为恐惧、愤怒，还是勇气，这取决于我们当时的内在目标：我们是在心里准备好克服困难、逃避困难，还是消灭困难。真正的问题并不在于控制情感，而是控制那种会加强情绪力量的选择。

心灵悄悄话

如果你的意向或态度的目的是向前进，那么请充分利用关键时刻，即使情况危急也要取胜，这时候的兴奋将加强你的倾向性——它会给你更多的勇气和更多的力量帮助你前进。所以，带着勇气去接受生活中的挑战吧！

用困难铸就辉煌的人生

困难对于失败者来说是埋葬成功的坟墓，而对于成功者来说，它却是走向辉煌人生的阶梯。失败者不敢正视困难，遇到挫折就选择妥协和逃避。试想，这样的人又如何能够在人生的道路上披荆斩棘、创造辉煌？

然而，成功者却不一样，他们从不怕吃苦，更不会向困难低头，在苦难面前他们能够积极乐观、勇于拼搏、自立自强，甘愿接受苦难带给自己的历练与洗礼，因此，他们在困难中锻炼了自我，铸就了塑造卓越人生应具备的优良品格。

冰心有首诗作得好："成功的花，人们只惊慕她现时的明艳，然而当初她的芽儿，却浸透了奋斗的泪泉，牺牲的血雨。"是的，在人生的背后，奋斗与牺牲是每个成功者的必然经历。

小田出生在一个偏远地区的农村。农村里像她这样的女孩很多，家庭贫困，早早辍学，在家务农或是外出打工，挣钱补贴家用，让家里的弟兄继续学习。

小田偏不这样，她喜欢上学。上完小学考上了县中学，父母死活不让她上。因为弟弟还小，家里供不起两个，必须牺牲一个，理所当然的，这个人应该是作为女孩的小田。

小田不依，还在暑假，卷起自己睡的那床破被子就去学校报到了。她在县城捡废旧塑料瓶子、废旧纸箱，捡来堆在宿舍里，堆多了就拿去卖了换钱，攒学费、攒生活费。同室的人都厌恶她，说她把宿

舍搞成了垃圾收购站。小田依然我行我素，她没有同学那么好的命，有父母来给他们承担，她得靠自己。她在被窝里捂着被子无声地哭过很多回，但在别人面前，她从来不会把"难"和"苦"写在脸上。

上高中时，她不但继续捡垃圾，还利用学余时间在学校旁边一个小吃店打工。她挣下了自己的学费，省吃俭用，还邮些钱回去，对父母说，这是她尽自己最大的努力了。

大学她学的是外语专业，早早她就开始接一些简单的翻译活儿，同时还勤工俭学。靠着自己的努力，小田上完了大学。除了专业之外，她还业余选修了经济学。早年的独立生活，锻炼了小田极具经济意识的头脑。后来她轻松应聘到一家外资企业，如今已经是那家外资企业的中层主管之一。

过年回到故乡时，时尚的小田让人几乎无法认出来，穿着香奈尔女装，挎LV的包包，喷着雅诗兰黛的香水，高贵迷人得像从电视里走出来的明星。父母把她当贵宾，亲戚邻居争相来看她。还有儿时的姐妹，她们大多辍学打工务农，早早结婚嫁人生子，和小田站在一起，明显的天壤之别。还不到30岁的她们，很多看上去已经像40岁的中年妇女。

临走，望着故乡的山山水水，回想着自己捡垃圾、吃馊饭的艰辛，小田感叹不已。她的今天，完全是在困难中造就的。现在她的很多同学还不如她呢。如果她出生在一个普通的城市家庭，她会有这样的努力吗？

小田审视自己的内心，摇了摇头，她的资质只能说是一般，并不比她的童年好友优秀到哪里。但是困难给她的痛苦感太深太强烈了，而她又是个不甘屈服的人，正是这样的感受和这种性格，令她自强不息、不停地追求，才造就了如今这个优秀的小田。

我们每个人的一生中，总会被堆积在面前的大大小小的困难所牵绊，困难往往会锻炼人，塑造一个人，把人变得优秀，变得成熟。但

并不是说，经历了困难，就一定会造就成功的人生。这个世界谁不曾经历困难？但成功的人有几个？成功很大程度上是靠战胜挫折与困难获得的，但是，一个人能否有这样的观念和意识，让困难塑造出一个卓绝的自己才是关键。

在充满变数的当今社会，今天的朝阳工业，明天就可能沦为夕阳产业。下岗、失业、职业转型等问题，已经成为一种不可避免的社会现象。很多人陷入其中不能自拔。面对职业转型，不知该何去何从；要重新就业，却长期找不到自己的位置。当然也有例外的。

某个人失业后，没过多久就又找到了一份理想的工作，而且待遇不错。在人人自危、漫天裁员的经济形势下，这么快找到可心的工作，真是让人感到意外。有朋友问他，使用了什么巧妙的办法？他说，哪里使用过什么巧妙的办法，只是新的企业与原先的单位联系比较多，知道他在原单位的时候工作很努力、很用心罢了。

一个人如果一贯地追求卓越，那么不用他自己说，也会被人知道，甚至想不让别人知道都很难。追求卓越是一个人最好的名片与招牌。一个追求卓越的人，会积累一大笔宝贵的无形资产。这笔无形资产，会帮助他走出困境、渡过难关，帮助他取得胜利、获得成功。

追求卓越是一种积极的心理状态，指的是行为过程中的心理倾向而不是行为结果。也就是说，当你做一件事情时，如果你想方设法要把它做到完美，即使结果不一定是最好的，你也是在追求卓越了。要养成追求卓越的良好习惯，需要一段时间的有意识的自我训练。许多人知道追求卓越的重要意义，而对自己进行过训练，可是他们中的不少人最后放弃了。

没有人能随随便便成功。有时困难和成功就像一个"人生跷跷板"，经历的困难越大，成功的可能性也就越大。而没有经历过困难的人，往往像温室的花朵，一阵风雨足可以将其摧残得再也直不起

腰来。

　　人也同样，只有经历过磨难的人，才能够走得更远更稳。当困难克服了，困境过去了，我们才会品尝到人生的真味，才能懂得生活的乐趣！

心灵悄悄话

　　一个人经历过，努力过，依然没有成功，但因为有过困难的磨砺，他的思想、观念、行事、作为，都会因此而改变，也会懂得人生的真谛，会把人生的路走得更加踏实。

胜利者，永远不会选择逃避

生活中我们时常会遇到很多的困难、挫折、失败和打击，有的人选择了去面对，不管情况如何恶劣，跨过这些坎儿，赢得了成功，人生也因此更上了一个台阶。而同样是面对这样阻碍，有的人却选择了逃避，他们不敢去面对，只能将自己裹在一个小壳里面，艰难地生存着。

一个嫁给法国男人的他国女人在一个帖子里这样写道：

很多女人到法国，是为了寻找浪漫，是为了逃避在国内受到的伤害。但是更多的女人，在法国没有找到自己期望的爱情，但却知道自己曾经失去的有多么美好。

我问自己，如果所期望的没有得到，是否会在现实中妥协。这又是一个我至今没有答案的问题。我选择毕业后离开这个城市，离开这个国家（还不知道能不能成功），有一部分原因是因为要"逃"，逃离这个充满了束缚的地方，逃离这个让我有些窒息的地方。

我知道，可能我只不过从一个牢笼到另一个牢笼，从一个小的密闭空间到一个更大的密闭空间。而很多东西，作为一个在这个世界上生存的生物，永远也摆脱不了。或许在不断地逃避和不断地寻找中，也只有在这样一个状态下我才能怀着希望让自己稍许安心。

我曾无数次停下脚步，想让自己的心就此安定下来。可是过不了多久，我又开始焦躁起来。我很喜欢开车或坐车、坐火车、坐飞机。那种在路上，想要快点到达的心让我感到舒适。我知道，其实这一路

179

走下来，无非还是想到达一个终点站，一个可以让自己可以定下来的地方。

或许我寻找的是一个人，可能是一个地方，也可能是一种生活状态，我还不知道，我还在寻找。如果说逃避是让我开始跑的原因，那种对未知的期望可能就是动力。"爱情转移"里的歌词——接近换来期望，期望换来失望……不知道自己要失望多少次。或许我的一生最终也要沦落到"烧完美好青春换一个老伴"的地步。还是怀揣着梦想，寻找着，然后逃离，继续寻找……直到有一天我找到了，也或许直到有一天我已经没有力气了。

谁都不希望遭受打击，更不愿意陷入困境，但它们又常常不期而至：失恋、离婚、竞争失利、工作失误，以及天灾人祸等，生活中无处不有、无人不遇，以致使人精疲力竭，走投无路。因而，人们几乎普遍认为挫折、困境总是坏事，总在逃避着接踵而至的各种问题。

中国有句谚语："多难兴邦"。挫折、困境确实可以使人精力耗竭、精神崩溃，乃至一蹶不振，但它也可以助人成熟，把人推向成功。

美国克莱斯勒汽车公司的首脑人物李·艾柯卡，当初在福特汽车公司当职员时，曾因工作不被信任而遭辞退。也就是这次辞退，刺激了他的自尊心，从此奋起，终于事业有成。

中国著名历史学家蔡尚思在年轻的时候也曾多次失业。一次被解聘后，他无事可干，便一头钻进了南京图书馆，利用一年多时间翻阅完数万卷的历代文集，收集了大量的资料，为他日后的研究打下了扎实的基础。因此，他的朋友称他"这段生活与其说是失业，还不如说是得业"。

其实，最好的逃避方法是面对现实，认识自己遭受挫折的原因，使自尊心、自信心、主观能动性和情感的自我控制都得到增强，从而战胜困境，成为生活的强者。所以，挫折和困境本身并不都是坏事，它给人生究竟是带来害处，还是带来福音，关键看能不能正确地对待它，勇敢地驾驭它。

心灵悄悄话

要勇敢地面对现实。事已至此，愁是没有用的，逃避更不是办法，倒不如直面现实，坚持走下去，把所有意志不够坚强的人统统甩在后面。只有这样，你才能获得转机，成为最后的胜利者。

第六篇　困难面前决不退缩

迎难而上，没有什么不可能

你怀疑过自己的能力吗？当你面对一个比较棘手的问题时，你是否会由于心情紧张而出现手心出汗、心跳过速等生理现象？你是否担心自己根本就不具备应付这种局面的能力？

如果是这样的话，其实那是很正常的，一般人在焦虑时都会出现这种状况。不过他们对待困难的态度大不相同，有些人知难而退，而有些人敢于迎难而上。

结果，迎难而上的人虽然有遭遇失败的风险，却也把握住了与成功握手的机会。

一位美国广告商说："恐惧感是一种催化剂，是我们生活中独一无二的、最强大的推动力。"

一个人在倒车时，不慎轧了自己的儿子，情急之下，他只用一只手就抬起了汽车，把儿子救了出来。

一个特别怕狗的女人，当一群狗向她的孩子扑过去时，她竟勇敢地将几只狗打退。

由此可见，恐惧和忧虑可以迫使我们爆发出一股神奇的力量。因此，在进行一种新的尝试或者感到恐惧、忧虑时，你应该这样想：这是我生活中的一个转折点，不管我多么没把握，多么害怕，我都要坚持下去，勇敢面对这一切！

正视恐惧是打倒恐惧的最好办法。第二次世界大战中屡立功勋的四星上将乔治·巴顿认为，对待恐惧问题的关键就是"在恐惧的情况下多坚持一分钟"。

人生的十字路口立着两块路标，一块上写着："舒适无忧之路"。那是一条你走惯了的老路，虽然你也厌恶这条路，但已经习惯了，甚至闭上眼睛都能穿过去。

另一块上写着："艰难困苦之路"。这是一条对你来说完全陌生的路。如果选择这条路，你可能会遇到危险，但也可能遇到好运。那么，到底选择哪条路呢？

常言道："无限风光在险峰"。我们不妨选择"艰难困苦之路"，去迎接困难和挑战。

当你在这条陌生的路上摸索时，你可能会感到不安和动摇：胃疼了，心跳加快了，手心冒汗了……但不论怎样，你必须坚定信念，鼓励自己坚持下去。这条路虽然艰难，也知道你有些害怕，但千万别停步！

你几乎就要走完了，再努一把力，你将永久地摆脱这种恐惧感了，以后你一生都将得到解脱。看看下面几位成功者的成功经历，我们可以进一步理解"迎难而上"的重要作用和意义。

伍迪·艾伦，在大学里学动画制片不及格，英语也不及格，后来却成为奥斯卡最佳编剧、最佳制片人、最佳导演、最佳男演员金像奖获得者。

马尔科姆·福布斯，虽然当初没能当上普林斯顿大学校刊编辑，不过通过努力奋斗，后来却成了世界最大的商业出版物之一《福布斯杂志》的主编。

利昂·尤罗曼，当年报考戏剧学院时未能入选，主考人认为她没有表演才能，不过后来却两次被提名为奥斯卡金像奖最佳女演员候选人。

那些最终获得成功的人，在当年奋斗的时候，都能做到年复一年地致力于某件事，以求得一条最合理、最实际的发展之路。无论面对

多大的困难和挫折，都能拿出最大的勇气和毅力坚持下去。如果不幸遭受挫败，则及时去解决问题，从不消极低落，更不会自暴自弃。他们对自己相当自信，他们敢于反对传统观念，敢于探索好的思想和创造性的方法，敢于迎难而上，这些是他们取得成功的法宝。

心灵悄悄话

　　成功者和失败者都有自己的"白日梦"，不过失败者大多是希望得到名声和荣誉，却从不真正为此做任何事情。而成功者则注重实干，他们决心把自己的希望和抱负变成现实，然后朝着想要到达的目标努力攀登，最终如愿以偿。

第七篇 >>>

坚如磐石柔似水

　　爱情，是每个人都有权利得到的，无关贫富。真正的爱情是一首歌，只有用心用情去唱，才能唱出歌的意境，才能感到歌唱的快乐。真正的爱情，只有爱情，无论疾病或健康，贫穷或富裕，如意或不如意，会一直陪在他身边。

　　爱情是无言的承诺，是无声的感应，它包含了自私与占有，却又无须刻意去把握；它是晴天雨天的相扶相伴；是得意失意的彼此牵挽；是快乐愁烦的分享分担；是心灵的守望；是彼此的尊重。正是因为有了爱情，人生才更多了一份绚丽与感动。

这种幸福叫守候

幸福，除了现实中我们拥有的一切，有时，它还是深藏在每个人内心的守候，为人生的约定，为事业的梦想，为一个擦肩而过的爱情。

20世纪60年代，一个上海的中学生插队来到北大荒。那年他才满17岁，还没有读懂这个世界，就被无情的命运从繁华都市抛到这个冰天雪地的异乡。那五光十色的生活瞬间被苍凉的大荒湮没；他曾痴痴望着南方，每晚在梦里哭泣，但醒来眼前还是天苍苍、野茫茫。寂寞与思乡让这个还没长大的孩子陷入了人生的低谷。

就在这时，一个北方女孩走进了他的视线。在那个年代的北大荒，爱情这个字眼还没有流行吧，一个才满17岁的小伙子，一个刚刚15岁的姑娘，更不会说"我爱你，你爱我"的。说到底，他们连手都没敢拉过，他们就那样远远地、默默地被彼此懵懂的情愫牵系着。爱情让他适应了荒原，除了野草，他还看到了美丽的花朵。几年的相恋后，他们准备结婚了，准备死心塌地在那里过一辈子。那些日子，他们沉浸在喜悦与兴奋中，相约着执子之手，与子偕老。这对被时代抛在一起的患难情侣，用汗与泪浇灌的爱情之花，终于要绽放了。就在这时，知青返城的消息把他们从喜悦中惊醒了。他的家庭政策被落实了，他可以回上海上大学了。他不知所措。她鼓励他回去，而自己会在北方等着他回来娶她。

分别的前一天晚上，荒原上的月亮特别圆，她说不知道人今后能

自爱

不能圆。他就发誓，一定会回来娶她。她幸福地笑了。他终于踏上了南下的列车。从此，她最幸福的事，就是守候，漫长的守候。每天，她都要看看他临走时没有带走的换洗衣服，回忆他的每一句话，每一个笑容。他大学毕业那年，她每天都兴冲冲地跑到县城的火车站去等他，直到人群散尽。后来，车站的工作人员都知道她的事了，就劝她，别等了，因为从没见过走了后又回来的。她对此置之一笑，然后回家去等他。

春去春又回，雁去雁又归，她一直守候着他，用一个女人一生中最美好的时光。其实，回到了他久违的都市后，他的父母就每天劝他忘记她，忘记北大荒的生活和一切。他说他做不到。母亲就每天看着他，父亲还模仿他的笔迹，向北大荒寄了一封信给她："我不会跟你结婚的，我们分手吧。"

收到信，她晴天霹雳一样的感觉，眼前一黑，一下子靠到门上什么也不知道了。醒来，村子里的人都来劝她，不要再等他了，趁年龄还不大，嫁了算了。但她无动于衷。她把那些人赶出家门，坐在家里守候。她相信，有一天，他会随候鸟一同飞回来。

他终于被逼着跟父亲老战友的女儿结了婚。她的影子，在他的印象中渐渐淡了。婚后两口子去了美国。几年后离了婚，他一个人回到上海。就在那一年，与他一起插队的同伴儿回了趟北大荒，那个同伴儿见到了憔悴不堪、一直独身的她。她对那个同伴儿说，不要找他，不要打扰他的生活，这是她自己的选择。其实这个同伴儿好几年前就调到青岛工作了，早就跟他失去了联系。可事情就这样凑巧，有一次这个同伴儿去上海出差，临走前去一家商场买东西；他下班回家也碰巧路过这家商场，于是，这两个多年没见面的老朋友巧遇了。同伴儿问他，你知不知道有个人一直在等着你。他说谁呀，同伴说是她。他差点没摔倒。他丢掉了手里的东西，发疯一般踏上了北去的列车。这个冬天，距离他和她最后一次见面已经整整18年。

那天，当她在屋子里整理他当年留下的衣物时，房门被推开了；

她抬头，刚好看到他含泪的眼睛。

18年，18年的风刀霜剑，能历经多少心灵沧桑，荒芜多少爱情，削平多少誓言。18年的苦苦守候，如果说最开始是望穿秋水的等待，到了后来等待对于她来说已经变成了一种习惯。她像一个勇士一样守候着自己的幸福。幸福，除了现实中我们拥有的一切，有时，它还是深藏在每个人内心的守候，为人生的约定，为事业的梦想，为一个擦肩而过的爱情。

有一颗时刻守候的心灵，就永远会有即将到来的幸福。

心灵悄悄话

爱情，没有值不值得，只有愿不愿意，幸不幸福。如果守护爱情，能让人们变得心灵美好，那么守候也是一种快乐。爱情，付出多的那一方，永远是最快乐的。没有经历过爱情，是体会不到守候的幸福的。

第七篇　坚如磐石柔似水

真爱无言

爱，让情人间更加地亲密；爱，让每个人的脸上都充满了笑容。

我家在新区的东边，周围房子很少，隔壁只有一座空着的平房，很安静。2000—2002 年我因病整天待在床上，心情极度灰暗。窗外，夕阳把整个院落及远处的山峦渲染上一层橘红的色彩。我想象着树上的叶子一片片凋零，开始一点点地绝望起来。我将自己埋进了死亡般的世界中，怕听到来自外界的任何声音，哪怕是轻微的一点点。

家里也因我的病而显得死气沉沉，电视也没开过。就连三四岁的女儿也让爱人教育得声音小小地说话，脚步轻轻地走路。

我，沉浸在无边的静寂中，日复一日，彻夜无眠。一日傍晚，隔壁忽然传来了一嗓子秦腔，我脆弱的神经几乎被这响亮的声音击碎。我愤怒地问正在打毛衣的妻子："是谁在唱?"妻子说是外地来的民工，租了隔壁的房子住着。已一年多与外界隔绝了的我，乍听到这声音心里无比地烦躁。妻子放下手中的毛衣，给我倒了杯水说："他们也不易，也就在这点时间里乐一乐了，一天够辛苦的!"她侧耳听了会儿又说："你听，是你最爱听的《祭灯》呢。"我好奇地仔细听了下，还真是《祭灯》。唱得还行，嗓子沙哑着，悒悒郁郁的腔调很有秦腔大师焦晓春的韵味。

听着听着我心里的烦躁慢慢地退却了。思绪飘出窗外，飘过栈道，飘过巴山蜀水，飘到了我的童年。我喜欢《祭灯》这出戏，是因为它里面有着生命的厚重和人生的一种感动。隔壁的《祭灯》唱完了

好久，我的思绪才回到了床前。床前，妻子正蹲着给我捏着毫无知觉的双腿。那夜，我破天荒地竟然没有失眠，睡得很好。我甚至梦到了小时候放牧过的羊群，山坡上长满鲜嫩的小草，那草的绿色映照着我的整个梦境，直至染绿了我第二天的心情。妻子和年迈的母亲高兴得不得了。自那以后，每到傍晚，妻子就把我扶着靠坐在床头，静候着隔壁传来那在八百里秦川上流淌而来的秦腔，而隔壁总会准时地"开戏"。《下河东》《铡美案》《五典坡》《周仁回府》等秦腔名剧中的唱段一一唱来，我病中的日子也因秦腔而增添了许多生命的颜色。

妻子陪着我一夜一夜地听着。令我惊异的是，一个多月过去了唱段很少有重复的。我被这秦腔的粗犷和洒脱所感染，病也竟然一点点好了起来。我已能在屋里让人扶着慢慢走几步了，电视也打开让女儿看动画片了，家里充满着春天的气息。深秋的一个傍晚，我仍旧靠在床头，等待着隔壁传来秦腔那激情迸溅的声音，可隔壁静悄悄地再没有秦腔唱起。我无比失落。妻子陪我静静地坐着，直至深夜。此后的日子里隔壁再也没有传来一点声音，我心里空落落的。直到初冬落下第一场雪，妻子到她那不景气的厂子上班了，屋里的炉子烧得很暖和，我在床上拿着一本书随意地翻着。大门的门铃响了起来，母亲开了门，进来了一个陌生的男人，他提着只很大的提包，走起路来腿有点瘸。他径直来到了我的卧室，在我诧异的眼神里，他腼腆地笑了笑，问我："您身体好些了吗？我就是隔壁唱秦腔的人。"这，在他一开口时我就听出来了。听了一个多月的秦腔，他的声音我太熟悉了，只是我们没有见过面而已。我热情地让他坐，他连连摆着手说："不了不了，我那婆姨在隔壁捆铺盖，立马就要走了。"我问他最近咋不唱了，他说前一阵子摔伤了。他点燃了支烟，狠狠地吸了一口，粗重地将吸进去的烟吐了出来。

他在提包里掏出了好多张秦腔的光盘，说是给我的。望着茫然的我，他沉默了一会给我讲了一个故事："一个人和妻子赌气离家出门打工，他来到了千里之外的一个地方，租了一间房子。一天他哼着秦

腔，他哼完了一段时才发现门口站着一个面容憔悴的女人在听。

"就在他愣神的刹那，那女人说话了，问他：'您会唱《祭灯》吗？'他当时自豪地说：'会啊！还会好多呢！'那女人显得很激动，问他能不能在每天傍晚大着声唱一段？她的语气近似于乞求。他开玩笑地说，唱一段10块钱。那女人爽快地拿出了一叠钱给他。钱的面额大小不一，最大的是5元的。那女人的体温在每张钱上，一如春天的阳光所发出的温度，祥和而温馨。

"他数完第二遍之后就答应了。她只要求前几天唱《祭灯》，以后就由他唱。他为自己意外轻易地得到了300元而兴奋着，每天傍晚他就卖力地唱着。

"直到有一天他在另一个建筑工地上意外地碰到了那个女人。当时那女人正和几个男人一起抬着一块楼板，她纤小的身材在粗壮的杠子下显得异常柔弱。他向别人问起这个女人的来历，当地的一个民工叹了口气说，她丈夫已在床上躺了一年多了。他听了后就想起了在他赌气离家时妻子也生着病，他神思恍惚地上了脚手架……"

我没听完就已泪流满面了。

爱，是人间最美的符号，爱是每个人心中那最深刻的记忆，爱让每个人都过得幸福美满！有爱，人间才会更美好！

心灵悄悄话

爱是人类最美丽的语言，而这语言也可以是无声的。深刻的爱，出自内心，是没有痕迹可循的：真爱无言！一直相信这世界存在至真至诚至善至美的爱，尽管有些爱，让人心醉，心痛，心酸。

爱情净重21克

爱情是什么？很多人对此懵懵懂懂，爱也许是为了对方付出所有，爱也许是为了对方放弃所有。

男孩和女孩是高中同学。女孩聪慧美丽，有一大群的爱慕者。男孩清秀寡言，从不主动和其他女生说话。男孩有时也会和女孩讨论问题，但从来都是就题论题，从不引发其他话题。女孩还是发现了一些端倪，男孩每一次考试前都要借女孩的铅笔用一下，再还回来时铅笔已经被削得圆圆滑滑，没有一丝刀削过的痕迹，像一件完美的工艺品。

也算是一种默契吧，男孩和女孩都小心翼翼地呵护着这份秘密。但那一次，女孩发现男孩还铅笔时有些异样，女孩打开文具盒，发现里面有一张纸条，那是女孩收到的最没有文采的一封情书："我对你的爱净重21克。"为什么只有21克呢？女孩想，这么小气的家伙，女孩不禁微微生气了。

那是周六学校特意安排的一次数学摸底考试，男孩被分到了外班考场，女孩则留在了原教室。男孩准备去考场的时候看见女孩正在和前排的一个男生说笑，男孩的脸有些涨红，但他还是轻声地对女孩说："铅笔削好了吗？"女孩绷着脸说："关你什么事啊？"男孩的脸瞬间变得苍白，惊慌地看了女孩一眼，转身退去。

星期一发布的数学考试成绩出乎所有人的意料，数学成绩一向不错的男孩竟然没有及格。数学老师很是气愤，当着全班同学的面在课堂上狠狠地批评了男孩。女孩有些心虚，想自己是不是应该向男孩道

歉，可她应该以什么理由道歉呢？回家的路上女孩想明天吧，明天给他写个纸条。

女孩的纸条没能送去，因为第二天男孩没有来上课，第三天就听到了男孩转学的消息。

女孩想不到在她面前说话一贯轻声细语的男孩竟是这么的骄傲和容易受伤。这样的男孩不要也罢，女孩安慰自己。

后来女孩上了大学。在青春无忧的大学校园里，女孩的美丽像花朵一样肆意地盛开着，她理所当然地成了众人的焦点。女孩收到的众多的情书里有一首诗让她特别动心，后来女孩就和写诗的男生恋爱了。月下花前，江畔柳岸，所有的程序都温习了一遍之后，女孩才知道男生的那首诗是抄的。女孩虽然和男生大吵了一架，但还是原谅了男生。女孩想也许这就是所谓的缘分吧，如果结果是注定的，那又何必刻意强调它是如何开始的呢？

一个周末晚上，女孩想让男友陪她去看电影，但男友却期期艾艾地说今天晚上有一场很重要的足球实况转播。女孩突然有些生气，"到底是我重要还是足球重要？"女孩提高声音说，"你到底去不去？"男友显然也生气了，断然说道："不去。"女孩冷笑："可是你说的哦。"女孩拉住旁边经过的一个长头发男生说："同学，陪我看电影好吗？"那男生惊诧地打量了女孩一下，立刻眉开眼笑地答应了。女孩拉着那人就走。男友一把推开那长发男生，对女孩吼道："我不准你去！"女孩冷笑："你少管我，你以为你是谁啊。"男友的脸色变了，"啪"的一声，男友的手掌打在了女孩的脸上。两个人同时惊呆了。眼泪开始在女孩的眼眶里打转儿，女孩咬了咬牙，"啪"的一声，女孩重重地回了男生一巴掌，说："从今以后咱们两不相欠，各走各的路！"然后女孩跑回了宿舍。

也许说得太情断意绝了吧，男友再也没打电话过来，女孩大病了一场，病愈后的女孩夜晚在校园里乱逛，走到学校放电影的礼堂，女孩就信步走了进去。

女孩坐在座位上，呆呆地看着银幕，怎么也无法投入电影的情节里，但她却异常清晰地听见旁边一对情侣的对话。"为什么电影的名字叫'21克'呢？怪怪的！"女的问。"小傻瓜，"男的说，"21克是灵魂的重量，西方人传说人死后体重会减少21克。"

21克，21克，女孩喃喃地说着，过去的时光像潮水一样汹涌而来，女孩突然觉得心像被针尖刺中一样地疼，她把手捂在眼睛上，泪却挡也挡不住，顺着她的指缝无声地向下流淌。

心灵悄悄话

21克的灵魂重量，男孩用灵魂去爱着那个女孩，却因为误会而分开，如果生命可以重来一次，女孩还会这样轻易地放开最爱她的人吗？爱情净重21克，爱你，用自己的灵魂去爱你！爱，让一个人变成天使；爱，也会让一个人变成堕落天使。

第七篇 坚如磐石柔似水

一种爱使你泪流不止

有一种爱，可以感动天感动地，可以超越极限去把握。这种爱就是爱情。

而这种爱，又使人泪流不止。

女孩结婚后她一直给他做洋葱吃：洋葱肉丝、洋葱焖鱼、香菇洋葱丝汤、洋葱蛋盒子……因为她第一次去他家，他母亲拉了她的手，和善地告诉她——虽然他从不挑食，但从小最爱吃的是洋葱。她是图书管理员，有足够的时间去费心思做一款香浓的洋葱配菜，他却总是淡淡的。

母亲为他守寡近20年，却不喜欢他疯狂爱着的女子，他对她的选择与其说爱，不如说是对自己孝心的成全。她似乎并没有什么察觉，百合一样安静地操持着家，对他母亲也照顾得妥帖周到。婚后第四年，他们有了一个乖巧可爱的女儿。日子一天天地掠过，再伤人的折磨也钝了。

当初流泪流血的心也一日日地结了痂，只是那伤痕还在，隐隐的，有时半夜醒来还在那里突突地跳。那天他去北京开学术会，与初恋情人小玉偶然重逢，死去的情爱电石火花般啪啪苏醒。

相拥长城，执手故宫，年少的激情重新点燃了一对不再年轻的苦情人。

小玉保养得圆润优雅，比青涩年少时更多风韵，一双手指玉葱般光滑细嫩。

在香山脚下他给她买了当年她爱吃的烤地瓜。她娇嗔地让他给剥开喂到她的嘴里，因为她的手怕烫。七天很快过完，他回家，记得她娇艳如花的巧笑，记得她喜欢用银匙子喝咖啡，记得她喜欢吃一道他从没吃过的甜点提拉米苏。

母亲已经故去，他不想太苛待自己了，每年他都以开会或者公差的名义去北京。

妻子单位组织旅游的时候，他还甚至让小玉来过自己的家。他的手机中也曾经爆满火热滚烫的情话，甚至他们的合影曾经被他忘在脱下的上衣口袋里，待了一个多星期……可这一切都幸运地没有被妻子发觉。

平地起风云，妻子突然被查出得了卵巢癌，已经是晚期了。妻子住进医院后，他需要照顾上学的女儿的三餐，需要清洗成堆的衣服，家里乱成一团糟。

那次他在家翻找菜谱时，在抽屉里发现了一个带扣的硬壳本子。打开，里面竟然有几根长发。妻子一向是贴耳短发，自结婚以后。他好奇地看下去，原来这是他和小玉缠绵后留下的，还有那些相片，妻子一直都知道，因为从来没让他的脏衣服过夜。他背着妻子做的一切，妻子都心如明镜，却故作不见。几乎每页纸上都写着这么一句话：相信他心里是爱着我的。

后面是大大的几个叹号。他心里一片茫然地去医院，握住妻子磨粗的手，问她想吃什么。妻子笑着说："你会做什么菜，去给我买一份鸭血粉丝汤吧。"她每天做好了他爱吃的洋葱，熨好了他第二天穿的衬衣，在家等他。结婚多年了，他却从来不知道在南方长大的她爱吃鸭血粉丝汤。

妻子走后，他掉魂一样地站在厨房里为自己做一道洋葱肉丝。他遵照她的嘱咐将洋葱放在水里，然后一片片剥开，眼睛还是辣得直流泪。当他准备在案板上切成细丝时眼睛已经睁不开，热泪长流。他从来不知道那样香浓的洋葱肉丝，做的过程这么艰难苦涩。7000 多个

197

日子，妻子就这样忍着辣为自己做一份洋葱肉丝，只因为他从小就喜欢吃。而小玉那双保养得珠圆玉润的手，只肯到西餐店拿匙子吃一份提拉米苏。而当年母亲是怎样洞察了妻子能给予他的安宁和幸福。傍晚时分，一个站在九楼厨房里的男人拿着一瓣洋葱发呆，泪水止不住地流下……

心灵悄悄话

　　大爱无言。真爱需要的是真心真意，是内心深处的理解与彼此宽容，挂在嘴上的不是真爱，以貌取人的不是真爱，唯有真诚对待、经得起考验的感情才是真爱。

信任才有爱

有时候，只是因为两个人互相吸引、爱慕，所以才在一起。但是如果缺少了信任，那么注定要分离。

游鱼和飞鸟彼此相爱，却不能在一起。飞鸟的愿望是越飞越高，飞向蔚蓝的高空，他努力着。生活在大海里的游鱼，已满足了现状，唯一该做的，就是保持现在的自由，与其他的游鱼一块儿遨游大海。当飞鸟从海洋上空飞过，他，爱上了这条鱼，而鱼，也深深被飞鸟所迷住，飞鸟的一切让游鱼懂得了原来这种感觉就叫爱。

爱让游鱼忧郁了，她失去了往日的欢笑；爱让游鱼开始等待，她脱离了昔日嬉闹的伙伴，独自浮出水面，仰望高空，期待着飞鸟的到来，她，一直默默祈祷着。来了，飞鸟终于又出现在海洋上空，一切没有改变，游鱼一阵欣喜，奋力跃出水面，恨不得一下子飞上天。终于，她放弃了，因为飞鸟身边已有了一只漂亮的雌鸟，游鱼好伤心……

游鱼选择忘记，但她不快乐，游鱼发现飞鸟在她心中已深深烙了印，抹不去，越试图抹去，越发心疼，针刺般疼痛。她发现飞鸟才是她的追求，她，再次浮出水面，仰望高空，期待着飞鸟的到来，一天，两天……一年过去了，飞鸟终于出现在海洋上空，身边已不见那只雌鸟。游鱼不再挣扎，她只是默默仰望着，心如湖面般平静，突然，她发现飞鸟的身影越来越近，最后，竟与她近在咫尺。

飞鸟告诉游鱼，他爱上了她，所以他来找她。游鱼告诉飞鸟，她

爱上了他，所以一直等他。飞鸟感动了。

飞鸟和游鱼开始了他们的爱情。

游鱼为了和飞鸟在一起，她放弃了朋友，整日将空间留给飞鸟。游鱼深知这样做对不起朋友，也许也不值得，但她爱上了就会义无反顾，所以，为了飞鸟，她会付出一切，她愿意。飞鸟为了和游鱼在一起，他放弃了蓝天，放弃了梦想，因为他爱她。

飞鸟和游鱼终于走到了一起，他们经常在夜晚一起看星星。飞鸟告诉游鱼，他一定会永远陪她看流星雨，到时候，他会许下和游鱼永远在一起的愿望。游鱼好开心，也很感动，她相信他的话，相信他会爱她一辈子，陪她一辈子，执子之手，与子偕老。

飞鸟和游鱼的爱情，曾经令人羡慕。飞鸟拥有翅膀，到过世界各地，见多识广。游鱼身置大海，不能离开水，对于海外的世界，一无所知。

渐渐地，飞鸟开始取笑游鱼的无知，嘲笑她不动脑筋的说话。从那时起，飞鸟和游鱼的爱情开始有了裂痕，飞鸟看不起游鱼，游鱼好伤心。但游鱼仍然很爱飞鸟。所以，她开始努力，努力学会思考，她争取不让飞鸟看不起，也许她不能够做到，但她确实努力过了。

游鱼送飞鸟礼物，费尽心力，但总是得不到心中所想要的结果，飞鸟挑剔，说礼物这不好，那不好，游鱼做了无用功，游鱼伤心……

游鱼好生气，游鱼也很任性，她冲动地对飞鸟说了一通气话，这些话伤了飞鸟。

飞鸟难过。游鱼后悔。游鱼是条笨鱼，说出的话总是前后矛盾。飞鸟是只聪明的飞鸟，他总是指出游鱼的矛盾，然后告诉游鱼。

游鱼无心欺骗飞鸟，说出的美丽的谎言也是为了逗飞鸟开心，因为她不想让飞鸟难过。然而飞鸟不喜欢这样，他失去了对游鱼的信任，似乎在他的眼中，游鱼所做的每一件事，说的每一句话，都是在欺骗他、背叛他。尽管游鱼说的是真实的，但是在飞鸟看来，游鱼只不过是找理由为自己辩护罢了。

起初，游鱼还会解释，但经过多次解释都无果后，游鱼剩下的只有无奈和无助。由于飞鸟的疑心重和飞鸟的独裁主义，原本简单的问题却被他想得极其复杂，所以飞鸟也没原来那么开心了，飞鸟身上所表现出来的，仍是难过……飞鸟和游鱼的爱情，渐渐步入困境。

游鱼无奈了，一次又一次对飞鸟发火，一次又一次打算离开飞鸟，尽管她还是那么爱飞鸟，但她受不了飞鸟的质问和怀疑，她认为：既然连起码的信任都没有，那还有什么能将他们的爱情支撑下去并且坚固不变呢？但在一次次说分手以后，飞鸟总是拼命地挽留；游鱼看到飞鸟的眼泪，她知道飞鸟是真的舍不得自己，然后自己又是那么的爱他，所以她又一次次回到飞鸟身边，但这样也只不过勉强在一起，矛盾愈来愈多，无奈愈来愈多，伤心愈来愈多，泪水愈来愈多。分手的念头在游鱼心中也愈来愈浓烈，她下定决心离开飞鸟，虽心痛如刀割；飞鸟也不再挽留，飞鸟告诉游鱼，他曾经很想挽留，但现在想成全。飞鸟以为游鱼不再爱他，游鱼以为飞鸟不再爱她。

终于，游鱼游走了，飞鸟飞走了。留下的，只是平静的海面。虽然他们说好了，以后是朋友，但他们都无法将彼此当作朋友，所以，他们选择了彼此陌生。或许，这是遗忘的最好方式。

爱也许更需要信任，爱也许更需要彼此的包容。因为爱情只有在彼此了解、信任和包容的基础上才能称之为爱情。

心灵悄悄话

爱是火热的友情，沉静的了解，相互信任，共同享受和彼此原谅。爱是不受时间、空间、条件、环境影响的忠实。爱是人们之间取长补短和承认对方的弱点。飞鸟和游鱼，原本可以拥有很美好的爱情，甚至让人羡慕的爱情，却在众多矛盾中选择了彼此陌生。

馄饨里的爱

有些爱，也许就表现在不起眼的小事上；有些爱，无法用语言来表达。

这天，一家酒楼里来了两位客人，一男一女，四十岁上下，穿着不俗，男的还拎着一个旅行包，看样子是一对出来旅游的夫妻。

服务员笑吟吟地送上菜单。男的接过菜单直接递给女的，说："你点吧，想吃什么点什么。"女的连看也不看一眼，抬头对服务员说："给我们来碗馄饨就行了！"

服务员一怔，哪有到酒楼来吃馄饨的？再说，酒楼里也没有馄饨卖啊。她以为自己没听清楚，不安地望着那个女顾客。女人又把自己的话重复了一遍，旁边的男人这时候发话了："吃什么馄饨，又不是没钱！"

女人摇摇头说："我就是要吃馄饨！"男人愣了愣，看到服务员惊讶的目光，很难为情地说："好吧。请给我们来两碗馄饨。"

"不！"女人赶紧补充道，"只要一碗！"男人又一怔，一碗怎么吃？女人看男人皱起了眉头，就说："你不是答应的，一路上都听我的吗？"

男人不吭声了，抱着手靠在椅子上。旁边的服务员露出了一丝鄙夷的笑意，心想：这女人抠门抠到家了，上酒楼光吃馄饨不说，两个人还只要一碗。她冲女人撇了撇嘴："对不起，我们这里没有馄饨卖，两位想吃还是到外面大排档去吧！"女人一听，感到很意外，想了想

才说："怎么会没有馄饨卖呢？你是嫌生意小不愿做吧？"这会儿，酒楼老板恰好经过，他听到女人的话，便冲服务员招招手，服务员走过去埋怨道："老板，你看这两个人，上这只点馄饨吃，这不是存心捣乱吗？"

老板微微一笑，冲她摆摆手。他也觉得很奇怪：看这对夫妻的打扮，应该不是吃不起饭的人，估计另有什么想法。不管怎样，生意上门，没有往外推的道理。他小声吩咐服务员："你到外面买一碗馄饨回来，多少钱买的，等会结账时多收一倍的钱！"说完他拉张椅子坐下，开始观察起这对奇怪的夫妻。

过了一会，服务员捧回一碗热气腾腾的馄饨，往女人面前一放，说："请两位慢用。"

看到馄饨，女人的眼睛都亮了，她把脸凑到碗面上，深深地吸了一口气，然后，用汤匙轻轻搅拌着碗里的馄饨，好像舍不得吃，半天也不见送到嘴里。

男人瞪大眼睛看着女人，又扭头看看四周，感觉大家都在用奇怪的眼光盯着他们，顿感无地自容，恨恨地说道："真搞不懂你在搞什么，千里迢迢跑来，就为了吃这碗馄饨？"

女人抬头说道："我喜欢！"

男人一把拿起桌上的菜单："你爱吃就吃吧，我饿了一天，要补补。"他便招手叫服务员过来，一口气点了七八个名贵的菜。

女人不急不慢，等男人点完了菜，这才淡淡地对服务员说："你最好先问问他有没有钱，当心他吃霸王餐。"

没等服务员反应过来，男人就气红了脸："胡说！老子会吃霸王餐？老子会没钱？"他边说边往怀里摸去，突然"咦"了一声："我的钱包呢？"他索性站了起来，在身上又是拍又是捏，这一来竟然发现手机也失踪了。男人站着怔了半晌，最后将眼光投向对面的女人。

女人不慌不忙地说道："你别瞎忙活了，钱包和手机我昨晚都扔到河里了。"

203

自爱

男人一听，火了："你疯了！"女人好像没听见一样，继续缓慢地搅拌着碗里的馄饨。男人突然想起了什么，拉开随身的旅行包，伸手在里面猛掏起来。

女人冷冷说了句："别找了，你的手表，还有我的戒指，咱们这次带出来所有值钱的东西，我都扔河里了。我身上还有5块钱，只够买这碗馄饨了！"

男人的脸刷地白了，一屁股坐下来，愤怒地瞪着女人："你真是疯了，你真是疯了！咱们身上没有钱，那么远的路怎么回去啊？"

女人却一脸平静，不温不火地说："你急什么？再怎么着，我们还有两条腿，走着走着就到家了。"

男人沉闷地哼了一声。女人继续说道："20年前，咱们身上一分钱也没有，不也照样回到家了吗？那时候的天，比现在还冷呢！"

男人听了这句话，不由得瞪直了眼："你说……你说什么？"女人问："你真的不记得了？"男人茫然地摇摇头。

女人叹了口气："看来，这些年身上有了几个钱，你就真的把什么都忘了。20年前，咱们第一次出远门做生意，没想到被人骗了个精光，连回家的路费都没了。经过这里的时候，你要了一碗馄饨给我吃，我知道，那时候你身上就剩下5毛钱了……"

男人听到这里，身子一震，打量了四周："这，这里……"女人说："对，就是这里，我永远也不会忘记的，那时它还是一间又小又破的馄饨店。"

男人默默地低下头，女人转头对站在一旁发愣的服务员道："姑娘，请给我拿只空碗来。"

服务员很快拿来了一只空碗，女人捧起面前的馄饨，拨了一大半到空碗里，轻轻推到男人面前："吃吧，吃完了我们一块走回家！"

男人盯着面前的半碗馄饨，很久才说了句："我不饿！"女人眼里闪动着泪光，喃喃自语："20年前，你也是这么说的！"说完，她盯着碗没有动汤匙，就这样静静地坐着。

男人说："你怎么还不吃？"女人又哽咽了："20年前，你也是这么问我的。我记得我当时回答你，要吃就一块吃，要不吃就都不吃，现在，还是这句话！"

男人默默无语，伸手拿起了汤匙。不知什么原因，拿着汤匙的手抖得厉害，舀了几次，馄饨都掉下来。最后，他终于将一个馄饨送到了嘴里，使劲一吞，整个都吞到了肚子里。当他舀第二个馄饨的时候，眼泪突然"吧嗒、吧嗒"往下掉。

女人见他吃了，脸上露出了笑容，也拿起汤匙开始吃。馄饨一进嘴，眼泪同时滴进了碗里。这对夫妻就这样和着眼泪把一碗馄饨分吃完了。

放下汤匙，男人抬头轻声问女人："饱了么？"

女人摇了摇头。男人很着急，突然他好像想起了什么，弯腰脱下一只皮鞋，拉出鞋垫，手往里面摸，没想到居然摸出了5块钱。他怔了怔，不敢相信地瞪着手里的钱。

女人微笑地说道："20年前，你骗我说只有5毛钱了，只能买一碗馄饨，其实呢，你还有5毛钱，就藏在鞋底里。我知道，你是想藏着那5毛钱，等我饿了的时候再拿出来。后来你被逼吃了一半馄饨，知道我一定不饱，就把钱拿出来再买了一碗！"顿了顿，她又说道，"还好你记得自己做过的事，这5块钱，我没白藏！"

男人把钱递给服务员："给我们再来一碗馄饨。"服务员没有接钱，快步跑开了，不一会，捧回来满满一大碗馄饨。

男人往女人碗里倒了一大半："吃吧，趁热！"

女人没有动，说："吃完了，咱们就得走回家了，你可别怪我，我只是想在分手前再和你一起饿一回、苦一回！"

男人一声不吭，低头大口大口吞咽着，连汤带水，吃得干干净净。他放下碗催促女人道："快吃吧，吃好了我们走回家！"

女人说："你放心，我说话算话，回去就签字，钱我一分不要，你和哪个女人好，娶十个八个，我也不会管你了……"男人猛地大声

喊了起来："回去我就把那张离婚协议书烧了，还不行吗？"说完，他居然号啕大哭："我错了，还不行吗？我脑袋抽筋了，还不行吗？"

后来，女人面带笑容，平静地吃完了半碗馄饨，然后对服务员说："姑娘，结账吧！"

一直在旁观看的老板猛然惊醒，快步走了过来，挡住了女人的手，却从身上摸出了两张百元大钞递了过去："既然你们回去就把离婚协议书烧了，为什么还要走路回家呢？"

男人和女人迟疑地看着老板，老板微笑道："咱们都是老熟人了，你们20年前吃的馄饨，就是我卖的，那馄饨就是我老婆亲手做的！"说罢，他把钱硬塞到男人手中，头也不回地走了……

这位老板回到办公室，从抽屉取出那张早已拟好的离婚协议书，怔怔地看了半晌，喃喃自语地说："看来，我的脑袋也抽筋了。"

分手时想想以前，那个陪你甘苦与共的人，一路走来。其实你们的故事并不短。时间慢慢过去，那些感动却一点一点封存。其实最疼你的人不是那个甜言蜜语哄你开心的人，也许就是在鞋底藏5元钱，在最后的时刻把最后一点东西省着给你吃，自己却说不饿的人。

心灵悄悄话

一碗馄饨，让即将分开的人又回忆起美好的往事，既然爱了就别后悔，想想那个陪你同甘共苦的人，多少欢乐，多少艰难，你们都一起经历了。不要轻言放弃，爱情是神圣的。放弃你的最爱，你一定会后悔的。

一辈子告诉你

爱情到底是什么？爱情到底是不是很美好？那么又有谁会用一辈子来告诉你？

有一个女孩子，小的时候腿脚不好，常年只能坐在门口看别的孩子玩，很寂寞。有一年的夏天，邻居家的城里亲戚来玩，带来了他们的小孩，一个比女孩大 5 岁的男孩。因为年龄都小的关系，男孩和附近的小孩很快打成了一片，跟他们一起上山下河，一样晒得很黑，笑得很开心，不同的是，他不会说粗话，而且，他注意到了一个不会走路的小姑娘。

男孩第一个把捉到的蜻蜓放在女孩的手心，第一个把女孩背到了河边，第一个对着女孩讲起了故事，第一个告诉她，她的腿是可以治好的。第一个……仔细想来，也是最后一个。

女孩难得有了笑容！

夏天要结束的时候，男孩一家人要离开了。女孩眼泪汪汪地来送，在他耳边小声地说："我治好腿以后，嫁给你好吗？"男孩点点头。

一转眼，20 年过去了。男孩由一个天真的孩子长成了成熟的男人。他开了一间咖啡店，有了一个未婚妻，生活很普通也很平静。有一天，他接到一个电话，一个女子细细的声音说她的腿好了，她来到了这个城市。一时间，他甚至想不起她是谁。他早已忘记了童年某个夏天的故事，忘记了那个脸色苍白的小女孩，更忘记了一个孩子善良

的承诺。

可是，他还是收留了她，让她在店里帮忙。他发现，她几乎是终日沉默的。

可是他没有时间关心她，他的未婚妻怀上了不是他的孩子。他羞愤交加，扔掉了所有准备结婚用的东西，日日酗酒，变得狂暴易怒，连家人都疏远了他，生意更是无心打理，不久，他就大病一场。

这段时间里，她一直守在他身边，照顾他，容忍他酒醉时的打骂，更独立撑着那摇摇欲坠的小店。她学到了很多东西，也累得骨瘦如柴，可眼里，总闪烁着神采。

半年之后，他终于康复了。面对她做的一切，只有感激。他把店送给她，她执意不要，他只好宣布她是一半的老板。在她的帮助下，他又慢慢振作了精神，他把她当作至交好友，掏心掏肺地对她倾诉；她依然是沉默地听着。

他不懂她在想什么，他只是需要一个耐心的听众而已。

这样又过了几年，他也交了几个女朋友，时间都不长。他找不到感觉了。她也是，一直独身。他发现她其实是很素雅的，风韵天成，不乏追求者。他笑她心高，她只是笑笑。

终有一天，他厌倦了自己平静的状态，决定出去走走。拿到护照之前，他把店里的一切正式交给了她。这一次，她没再反对，只是说，为他保管，等他回来。

在异乡漂泊的日子很苦，可是在这苦中，他却开阔了眼界和胸怀。过去种种悲苦都变得云淡风轻，他忽然发现，无论有病或健康，贫穷或富裕，如意或不如意，真正陪在他身边的，只有她。他行踪无定，她的信却总是跟在身后，只字片言，轻轻淡淡，却一直让他觉着温暖。他想是回去的时候了。

回到家里他为她的良苦用心而感动。无论是家里还是店里，他的东西他的位置都一直好好保存着，仿佛随时等着他回来。他大声叫唤她的名字，却无人应答。

店里换了新主管，新主管告诉他，她因积劳成疾去世已半年了：按她的吩咐，新主管一直叫专人注意他的行踪，把她留下的几百封信一一寄出，为他管理店里的事，为他收拾房子，等他回来。

新主管把她的遗物交给他，一个蜻蜓的标本，还有一卷录音带，是她的临终遗言。

带子里只有她回光返照时宛如少女般的轻语：

"我……嫁给你……好吗……"

抛去30年的岁月，他像孩子一样号啕大哭起来。

没有人知道，有时候，一个女人要用她的一生来说这样一句简单的话……

真正的爱情是一首歌，只有用心用情去唱，才能唱出歌的意境，才能感到歌唱的快乐。真正的爱情，只有她，无论有病或健康，贫穷或富裕，如意或不如意，会一直陪在他身边。

心灵悄悄话

真正的爱情是一把锁，只有用真诚、真心和真情才能打开它；真正的爱情是一首诗，只有懂得诗人的愿景，你才会读懂它的字里行间。

穷学生的爱情

爱情，是每个人都有权利得到的，无关贫富。

　　我是个特困生，是村子里唯一的大学生。学校其实很一般，不过是本科。我的高考成绩是全县第一，爷爷说这就是状元啊，他坚持要摆酒席，要请客。我们那么穷的家，终于看到希望了，终于有人要到北京去念书了。他们不知道我在城里同学面前是多么自卑，不知道我是怎样费尽心力去学普通话，练英语，他们甚至不知道，我是怎么一年年交上学费的。有次我无意问说起自己每个月做家教可以赚500元的时候，父亲第一次冲我发了脾气，他觉得我赚了那么多钱还不知道孝敬老人，不知道寄回家给弟弟交学费，太不懂事了。我的学校生活可以说很单调，一直念书、上课、考试、赚钱。同学说我是守财奴，只要有兼职的机会都过来找我，并半开玩笑地说："嘿，听说你只要能赚钱什么都肯做。"我只有装作不在乎："是啊，我都肯。"这样拼命赚的钱，一半给自己交学费，一半给家里，供弟弟妹妹念书。家乡的人说起我来都是很神化的：多么有出息，不但能供自己还能供弟弟妹妹。弟弟妹妹写信给我，总是会说："哥，我也要去北京念大学!"他们不知道我的苦，我也不愿意让任何人看到我的苦，除了她。

　　她是我下一届的学妹，迎新的时候我接的她，帮着拿行李，找床位。她一定要请我吃饭，我就吃了，吃完后我付了账，又带着她在学校里走了一圈，帮她认路。

　　后来她说，那时候就开始喜欢我了，高高瘦瘦的，总是沉默，有

很多心事似的。别人都说她是小美女，可是我连多一眼都没看她。是啊，那时候我正在想，付了账后我这一周的伙食费怎么办。我没想过找女朋友，更别说像她这样时髦漂亮的城市女孩子了。结果她经常找我，到我们班上旁听，向别人打听我的事情。我特别感动的是，我生日那天，她买了蛋糕，在学校门口等我。而我去做家教了，晚上10点才回来，她等了我6个小时，在冬天的冷风里。从小到大，没有人对我这么好过，我接过她手里的蛋糕，把她的手握在我的手心里，给她暖着。她说，"我知道你压力很大，不要怕，我们一起来分担好不好？"她真是天真啊，那时的我也真是天真啊！被爱情迷住了眼睛的人，什么事情都能够做出来，什么话都能说出来。

我们在学校附近找了小房子，住在一起。我已经确定保送上研究生了，给她买了很多书，让她考研。每天一起上课，听讲座，去食堂吃饭，晚上我出去工作，她就在家里等我。她买减价的水果，一个个削了皮，切成一块块给我吃，她还第一次学会用蜂窝煤炉子做饭……我知道她是那么爱我，我也是全心全意地对她。都说恋爱最花钱，但是我没有多花什么钱，还给家里多寄了300块，她说是给我妹妹买新衣服的，我们这一个月可以吃最便宜的菜。她跟家里说起了我，她父母都要求见一见我。我做好了充分的心理准备，还是被他们家吓了一跳。她家住的是那种特别高档的复式房子，装修非常豪华。她妈妈说因为她是独生女，希望结婚后也住在一起。她爸爸一直都皱着眉，看着我破旧的牛仔裤和旧衬衫。我觉得这个贫富的对比太像电影或者小说里的镜头了，实在让人无法接受。我无法忘记她爸爸跟我说的一句话："我家楠楠从小没吃过一点苦，没受过一点委屈，这是我们父母的本分。小伙子，你能做到吗？"我没有回答，我知道我做不到。同时我也知道她为了跟我在一起，牺牲有多大。不住好房子不住宿舍，跟着我挤小平房，好衣服不穿，长年穿运动服。过去有哪家饭店新开张，她爸爸一定开车带全家去吃，现在她跟着我吃水煮白菜。她把生活费省下来，帮我交学费。这一切就是我所能给她的，一个贫穷的人

211

所能给她的就这么多，却去要求她无休止地付出，从时间到物质。她说："爱你就不觉得苦。"

但是我心痛啊，是真的心痛，好像整个人都要被撕裂一样的痛。我的出身我不能选择，但是她为什么要选择我，选择这样沉重的担子。

她家里一直是不同意的。她妈妈还问她与我同居是不是我使了什么卑鄙的手段。我不能不说，她父母也真是一番苦心，表面上不拆散我们，实际上却不断鼓励她出国留学。她还高高兴兴地跟我说："咱们一起申请吧，我们到国外去念书。"我笑了："好啊。"我没告诉她，我弟弟高考失利了，要复读一年，我妹妹正上高三。我找了更多的工作，说服她各自搬回宿舍住，故意一天天地疏远她，又不让她觉察。因为她的个性就是那么明朗活泼，也有点粗心，根本不知道我其实已经有了分手的念头。

我强迫她背单词，我们在一起的时间大部分都是在学英语。她说，"我觉得你好像对我没那么好了。"我说："没有，让你好好学习才是对你好，你不是要出去留学吗？"一直等到她考完 GRE，我帮她发简历、发资料、写申请，忙得比她自己还上心。她开始越来越犹豫，问："你呢，你怎么办？"我说："我容易，我替别人考都考得不错，你怕什么。"在说这些话的时候，我不看她，因为我的眼睛会泄露真相。

终于等到她可以出国留学的消息了，我松了一口气。我打电话给她妈妈："阿姨，楠楠可以留学去了，你们放心吧。"她妈妈很迟疑地问："你不跟过去吗？"我说："我不会去的，我有家人需要照顾。我真心希望楠楠一生幸福，可惜我做不到，所以我也绝不连累她。"她妈妈在电话那边哭了，说："你是个好孩子，能体谅父母的心。"我说："我明白。我不怨你们，真的。"

穷男生不该有爱情。我跟她说："分手吧，我配不上你，是我不够好，我不忍心让你跟我一起吃苦。我上有爷爷奶奶父母，下有弟弟妹妹还等着念书，我起码要多辛苦10年，才能让全家人过上好日子。我爱你，所以我不应该跟你在一起，我们一开始就错了，对不起，我希望你能忘记我。"

她哭成泪人，打我，咬我，踢我，我不还手，但是也不劝她。长痛不如短痛，到国外去吧，我爱的姑娘，会有更好的人更好的爱情给你补偿，我不想让你在最美好的年华里，不能尽情享受人生，而且是因为我的缘故。我是个穷人，给你的东西，与你应该得到的，相差太远太远了。我不愿意我们变成像博士师兄们那样的家庭，两夫妻咬牙供养其中一方的老家，矛盾不断。就这么结束吧，相信我，我比你更心痛，因为我不得不伤害你，不得不离开你，我最爱的人。

她走了，生活还在继续。有时候我会来网上看看这些爱情故事，每个痴情的女主角，都那么像她。我想在这里对她说完这段话："如果10年以后我自由了，我会先去找你，只想远远地看你一眼，你幸福的话我绝不打扰你，你要是还没有找到合适的，那么，让我再说一次我爱你。"

爱情，到底是什么？其实是每个人都有权利追求的，属于他们的爱是每个人都应该珍惜的，而被迫离开，却使人感到爱情的遗憾。

心灵悄悄话

社会很现实也很残酷，但我们依然希望更多的人能一起去奋斗，一起去吃苦，一起去经历风风雨雨，相濡以沫，一起去创造属于两个人真正的生活，因为家庭所给予我们的只不过是父母所创造的，我们要努力创造属于自己的生活。这样，爱情才会使我们觉得更加充实美好！

黑暗中牵引的手

生活中，有很多不如意，但是，最终总会有只手牵引着你走下去。

从一开始，她对自己的婚姻就是不满意的。他是个中学教师，老实憨厚，在市中心有一套四居室，薪水也不错。第一次约会，在清静优雅的咖啡厅，她看着他穿崭新笔挺的西服，打着整整齐齐的领结，却是那般局促不安，还没开口说话，脸已经红了。借着灯光，她甚至看得见他额头上细密的汗珠。

这个男人，和她想象中那种洒脱无羁天马行空的男人，完全不是一种类型。不是没有犹豫过，可是父命难违，而他职业尚可、房子尚可、年龄尚可，人也尚可，便咬咬牙，狠心把自己给嫁了。爱不爱的，又有什么关系呢？她已是过尽千帆，怕了爱情的人，平凡安宁的生活，未必就真的不好。

等真正进了婚姻的门，才发现完全不是那么回事。生活平淡得像白开水。喝到嘴里没有一点味道。他老实木讷，不善于和人交往，按时上班，准时回家，回来便系上围裙钻进厨房，熬粥洗菜打扫卫生，把家整理得一尘不染。可是，她不喜欢，她看见他系着围裙在家里左一趟右一趟地跑，心里便有一种莫名的烦躁。有什么意思呢？一个大男人，只会围着锅台转。

家里的空气常常是静止的，如果她不说话，一整天也听不到他的声音；可是她一说话，就是吵架，嫌他衣服洗得不够干净，埋怨他忘

了给阳台上的花浇水，指责他的菜里放了太多的酱油……无论她说什么，他从不反驳，唯唯诺诺的，愈发让她生气。

积怨越来越深，那天，为了一件什么事情，她突然就发了火。内心积攒的怨恨和愤怒，就像火山爆发时往外凶猛喷涌的岩浆，无法抑制。或者，她根本没想抑制。她歇斯底里地又喊又叫，把茶杯花瓶统统摔碎，看着对面像呆呆地站着发愣的男人，仍不解气，又冲进卧室，把自己的衣服塞进皮箱，摔门而去。

男人在身后喊了些什么，她头也不回，跑得太急，在楼道里，她摔了一跤。回头看看，男人并没有追出来，心便愈发冷了。是的，一开始就错的，现在，应该结束了。

可是一出门，看着外面黑沉沉的夜，她便懵了。夜太黑，她完全辨不清方向，赌气往前走，却在台阶上一脚踩空，整个人狠狠地摔在地上。她坐在地上，揉着扭伤的脚，突然就哭了。

是的，结婚后，她还是第一次一个人晚上出门。她还记得，是和男人第二次约会，看了电影吃了宵夜，男人送她回家。在巷口，她客气地和男人道别。父母的家在一条老巷子里，路灯都坏掉了。她转身，只走了两步，腿便重重地磕在什么地方，刺骨地疼。听到她的惨叫，他一个箭步奔了过来。后来，他牵着她的手，一直把她护送回家。

也是在那次，男人知道，原来她有夜盲症。以前，都是父亲在巷口接她回家。

从那以后，每次出去，男人都尽量把时间往前赶，实在赶不及，男人一定一路牵着她的手，直到安全地把她送回家。而她，无论是和朋友聚会，还是加班到深夜，总是习惯一个电话，招他过来做护花使者。

她还记得，男人向她求婚时，没有单腿下跪，也没有玫瑰和钻戒。只是拉着她的手，很认真地对她的父亲说："以后，您不用再去巷口接燕儿了。天黑后，我就是她的眼睛。"就为了这一句话，耿直

固执的父亲，硬逼着她答应了这门婚事。

结婚后，他很忠实地履行着自己的职责。他把楼道里坏掉的灯悄悄修好；她喜欢晚饭后出去散步，他便一路牵着她，小心翼翼地绕过障碍物；她的口袋里，放着他为她买的小手电筒；他查了很多资料，变着花样地为她熬海带胡萝卜粥、枸杞猪肝汤，都是为了治她的夜盲症……

她呆坐在地上，泪水，像霸道的小蟹，爬得满脸都是。

正哭着，她突然感觉有一只手试探着拉了拉她的手，一个声音温柔地说："跟我回家吧……"她没有丝毫迟疑，马上就抓住了那只熟悉的手。像从前一样，她被他温暖的手牵着，绕过小区的花坛，一级一级地上台阶，回了家。

一路上，她偷偷地想，父亲是多么睿智啊，他不懂什么是浪漫的爱情，却懂得执子之手与子偕老的恒久与深情。这世上最浪漫的事，也不过如此吧！

心灵悄悄话

他包容你，他迁就你，他爱护你，只是为了证明他爱你。有时候他的不责怪，是因为心疼你，是不想失去你，想一直呵护着你。他的爱表现得很隐蔽，却又在你最无助的时候伸出手带你走出黑暗！